创意闪光灯摄影

[德] 蒂洛·戈克尔　著

张　悦　译

创意闪光灯摄影

小闪光灯造就非凡布光
40 个闪光灯创意讲习

中国摄影出版社

China Photographic Publishing House

图书在版编目（CIP）数据

创意闪光灯摄影 /（德）蒂洛·戈克尔著；张悦译
. -- 北京：中国摄影出版社，2017.7
　书名原文：Creative Flash Photography
　ISBN 978-7-5179-0628-5

　Ⅰ.①创… Ⅱ.①蒂… ②张… Ⅲ.①闪光灯－摄影
照明 Ⅳ.① TB811

中国版本图书馆 CIP 数据核字 (2017) 第 170601 号
————————————————————————
北京市版权局著作权合同登记章图字：01-2016-9006 号

创意闪光灯摄影

作　　者：[德] 蒂洛·戈克尔
译　　者：张　悦
出 品 人：赵迎新
责任编辑：常爱平
策划编辑：黎旭欢
装帧设计：胡佳南
出　　版：中国摄影出版社
　　　　　地址：北京市东城区东四十二条 48 号　邮编：100007
　　　　　发行部：010-65136125 65280977
　　　　　网址：www.cpph.com
　　　　　邮箱：distribution@cpph.com
印　　刷：北京地大彩印有限公司
开　　本：16 开
印　　张：18.75
版　　次：2017 年 8 月第 1 版
印　　次：2017 年 8 月第 1 次印刷
ISBN 978-7-5179-0628-5
定　　价：98.00 元

你得尝试一下灯光。相信我，当你看到这样的光时，
你面前的景物会像撒上糖果粒的草莓圣代一样。

　　　　　　　　—— 乔·麦克纳利（美国著名摄影师）

目　录

每一位外闪客都需要知道的事

快乐从此开始！
40 个布光创意讲习

第 1—13 讲　肖像和时尚

第 36—40 讲　使用高速闪光灯凝固不可见的瞬间

深度学习教程

附　录

附录 A

附录 B

附录 C

附录 D

自 序

　　也许你和我第一次遇到闪光灯时的感觉是一样的。我当时对那个傻乎乎、硬邦邦的典型大头照深表怀疑，并对这一技术怀有保留态度。我的第一只闪光灯是个功能令我迷惑不解的智能闪光灯。但在我反复品味了"外闪客"（Strobist）大卫·霍比（David Hobby）、扎克·阿里亚斯（Zack Arias）、乔·麦克纳利（Joe McNally）、瑞恩·布雷尼策（Ryan Brenizer）和尼尔·凡·尼克尔克（Neil van Niekerk）他们那些令人惊奇不已的图片之后，我的好奇心战胜了原来的固执。闪卓博识博客（strobist.blogspot.com）和大卫的"布光101"（Lighting 101）、"布光102"（Lighting 102）教程翔实地介绍了大量使用闪光灯的技巧。我感到特别自豪的一点是，"闪卓博识"的博主本人还专门为本书写了前言。谢谢大卫！没有你，可能就不会有这本书！

　　我很快就发现，闪光灯不一定会因为强光、红眼和硬边阴影而毁掉一幅图像。事实上，闪光灯更像是一个便携的太阳，只要稍加练习，便可在各种情况下模拟和改善自然光。我随即就开始坚持记录布光设置，这些笔记现在已成为本书的部分内容。笔记中包括布光图、每种情况所得到的照片，以及大量说明我自己如何拍摄每一图像的资料。

　　本书分为两个主要部分。第一部分是闪光灯基本使用技巧的速成教程。其中还介绍了多年来我发现的非常有用的闪光灯装备，我曾尝试过大量徒劳无益的装备，希望你能节省我在这方面浪费掉的时间和金钱。

　　第二部分包含 40 个讲习教程，详细说明了各种闪光灯的应用场合，包括人物、肖像、高速闪光、微距、产品、食物等。讲习中重点介绍了具体的灯光和创意使用技巧——例如交叉布光和高速同步，或"拖动快门"——让你掌握一套稳妥的手法，可以对任何场景进行有效的打光。这些技巧包括从简单使用相机的内置闪光灯，直到使用 7 只乃至更多离机闪光灯的频闪设置。其他章节还介绍了更多的技巧，例如伪高速同步（pseudo-HSS）/ 超级同步（Supersync）、影调偏移、红外引闪、使用图案样板投影图案等。当你开始练习并结合这些技巧来发挥自己独特的风格时，真的会很有趣。

　　我从未发现在使用闪光灯和环境光时如何精确并轻松计算出曝光的充分说明，所以在"附录 A"中介绍了现实情况的示范练习（和解决方法），帮助你获得计算曝光值和闪光指数的窍门。尽管这些练习看起来很乏味，但会帮助你学习如何精确创造出自己喜欢的灯光效果。"附录 B"介绍了一些用来创建布光图的实用工具。"附录 C"列表提供了其他学习闪光灯摄影的宝贵资源。最后还有一个术语表，其中包括了对外闪客非常有用的术语。

由于我是佳能用户，因此你可能会发现这本书有点具体针对佳能装备，但我尽力做到也一样适用于尼康的装备。美兹（Metz）、宾得（Pentax）等厂家生产的装备与我所提到的装备一样有效，只要你切换到手动模式，就可以随便使用自己希望的品牌。

最后，希望你用自己的闪光灯影像展现出非凡的光效和精彩纷呈的瞬间。

请将您的意见、批评和其他反馈
（包括本书中有关型号的询问）发送到 kontakt@fotopraxis.net。

前　言

大卫·霍比　Strobist.com

　　记得我第一次使用相机时才 7 岁——那是 1972 年，在一次家庭聚会上，叔叔让我用他那台新的 Canonet G-III 相机。对我来说，相机就像有魔力一样，我一下子就迷上了。就在一年之后，我有了自己的相机，并且在我家后院的棚子里还有了一个小暗房。我看着图像在显影盘里浮现出来便觉得更加神奇。从那时起，就很少见到我手里不拿着相机。高中时，我在班级年鉴小组里任职，这意味着两件事情：第一，我可以用自己的相机在学校里到处拍摄；第二，有人为我的胶卷买单。五年后我成为一家报社的摄影记者，这个职业让我享受了 25 年的光景。我的大部分时间都耗在黑白摄影上，在这方面，光的品质是件很奢华的事儿，而光的颜色真的不重要。

　　当开始使用彩色胶卷时，尤其是要使用反转片拍摄时，一切就都变了。光突然变得重要起来，而且异乎寻常地重要。我们需要学习如何结合环境光和电子闪光灯来改善用光。如果你相机上有闪光灯，拍摄效果还是相当安全，而且也可以预见到。对于经常在很多混乱情况下进行拍摄的新闻摄影记者来说，安全性和可预见性是件好事儿。相机上的闪光灯就能干一件事儿：照亮细节；但你基本上是用一台影印机的全部创造力来打光的。我很快就掌握到，如果把小闪光灯从相机上取下来，安全性和可预见性就被神奇和惊异所取代了。神奇的是，照片能够以更加三维的方式来捕捉世界。由于镜头位置和光源位置之间的差异，便可以显示出形态和纹理。惊异的是，效果相当不可预测，这是因为反转片的曝光宽容度毫无余地可言，而且必须得等到胶片处理完之后，才能看到灯光试验效果。因此我稳扎稳打，逐渐掌握了如何打光。

　　我保持着自己的好奇心和耐心，经过反复试验，我的灯光技巧锦囊慢慢充实起来。我执行工作任务所拍到的照片开始看起来更漂亮、更干净，也更有趣了。而且由于漫长的学习进程，效果还是可以预见的。到了1988 年，发生了翻天覆地的变化，我们开始使用数码相机。从此以后，我们可以用灯光来做一切尝试，而且立即就能看到照片的变化。其结果便是灯光技巧就像寒武纪大爆发一样，通过每一次合格地完成拍摄任务，我们的技术水平也迅速提高。我们一直研究其他摄影师的作品，尽最大可能从中学习受益。

以前只有庞大、昂贵、沉重而且还连着电源线的灯光才能达到的效果，现在使用电池供电的小巧闪光灯就可以实现，这种热靴式闪光灯，只有夹心面包那么大。我们很快就认为这种灯近乎神奇，可以照亮一切事物。当然，神奇始终就在那里，但就像在幻想故事里一样，我们现在已经能够看到神奇。在 1/1000 秒或更短的瞬间就出现闪光，这远远超出了人眼的感知能力。而且我们能够在相机后背上即时看到效果，因此可以迅速调整光线的强度或角度，以达到我们想要的效果，这也促进了我们的灯光直觉不断发展进步。随着经验的积累，在捕捉到图像之前，我们开始能够看得到和预见到离机灯光的品质了。当我手里举着一只小小的闪光灯时，一如我对功率强大的连续光源了如指掌那样，我看到了打光效果。我们对于速度太快、肉眼还来不及看清的景象的感知力发生了飞跃。早在 2006 年，我就决定分享其他人和我的心得，就像 20 多年前别人帮助我提升摄影技巧一样。互联网现在已经无处不在，有些公司允许我们免费创建自己的博客，比如谷歌。

　　2006 年，我开始启动闪卓博识（Strobist.com），目的就是创建第一家关于摄影灯光的网站，在小型闪光灯摄影布光方面百分之百开放，而且完全免费。这一尝试似乎是个不错的主意，对我来说也不费吹灰之力，除了花上些时间，没有任何风险。事实证明，有太多、太多的摄影师想要了解自己的小闪光灯。网站创建后的第一天就有 5000 多人次的访问量。一个月之内，网站的访问量已经激增到 25 万人次。开弓没有回头箭。现在已有数千万人从闪卓博识上学习，并更加了解自己的装备，能够在自己的摄影世界里控制最重要的变数。其他网站也如雨后春笋般出现在世界各地，不断地传播这么一个观点：布光技巧可以轻松学会并掌握。

　　那些已经知道如何解决布光问题的创业摄影师创造出神奇的新型灯光产品和光效附件。其他摄影师对布光的激情初心未改，而且热切期望教会他人，他们因此著书立说，就像你此刻正拿在手里的这本书一样。

　　如果你刚开始踏上学习摄影布光之旅，欢迎你上路。这一路上充满着乐趣，而且回报也会非常丰厚。唯一的要求就是，你要相信那些转瞬即逝的景象，一切发生得太快，你可能几乎无法真正看到，而且对于可能出现的神奇，要怀有坦率的心态，因为是你愿意让这一切发生的。

每一位外闪客
都需要知道的事

- **闪光灯基础知识**
- **选择你的装备**

　　在你梦想能够使用闪光灯之前，有很多东西还需要学习，而且入门可能会比较棘手。本章提供了掌握闪光灯基础知识的速成教程，介绍了有效使用闪光灯所需要的装备。在后续各个章节里，你将学会如何使用布光实例来妥善调整自己的技能。如果你发现本章很难，那就先看看后面的一些讲习，激发自己的兴趣，然后再返回本章，找到你问题的答案。当然，你可能会在闪光灯装备上花费很多钱，但你真的不必花太多钱就可以上手。我会告诉你，我的相机包和三脚架包里都装了些什么，还会说明在我的职业生涯中，哪一种装备一直非常重要。

闪光灯基础知识

▶ 深入了解光谱、平方反比定律和闪光指数
▶ 如何测量曝光参数和使用光效附件
▶ 设置并启动你的闪光灯

即便不使用闪光灯，你也需要大量的实践才能在拍摄时成功地把握好曝光时间、感光度值和光圈。闪光灯为这个参数组合又增加了更多的变数。闪光输出量、拍摄对象距离、发射角度，以及光效工具的加入，使得日常摄影的套路越来越复杂。使用闪光灯时，不但需要复习诸如曝光时间这类老生常谈的参数，还要掌握高速同步和后帘同步等一些新技术。以下章节说明了所有这些因素之间的关系，第266页的"附录A"还有一些计算示例，你可以试一下。

要有光！

在一幅图像里，同拍摄主体一样，光也是摄影过程中最重要的因素。如果光线适合，即便使用简单的手机照相，也可以拍出很棒的照片。在极端情况下，你可能得处理过少或过多的光线，而且这意味着你相机的传感器只能提供非此即彼的色调参数值。光线可以传达信息，唤起情感。当你学会利用光线后，就能够突出一个场景的重要部分，让不太重要的因素消失在背景中。

从物理角度来说，光是一部分可被视觉感知的电磁波谱。人眼敏感性曲线表明，我们能够看到400—800纳米（nm）波长的光，而且我们对绿色调最为敏感。狗的眼睛和相机传感器看到的光线大不相同——狗是红绿色盲，而数字图像传感器能够捕捉到人眼无法看到的近红外光波。

光线在空间中的传播遵循平方反比定律：靠近光源的光强与到光源的距离的平方成反比。

平方反比定律：如果拍摄对象到光源之间的距离变为原来的2倍，则需要4倍的光才能以同样的光强照亮表面。如果是3倍的距离，则需要9倍的光。

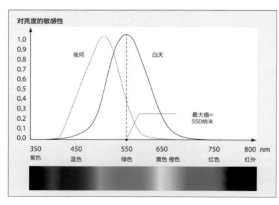

▲ 人眼敏感性曲线和相对应的可见光谱。

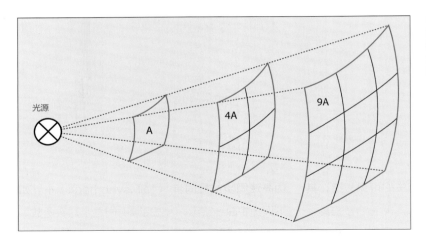

▶ 平方反比定律：如果拍摄对象到光源之间的距离变为原来的2倍，则需要4倍的光才能以同样的光强照亮表面。如果是3倍的距离，则需要9倍的光。

平方反比定律的前提条件是：所使用的光源以对称形式照射。从上图可以看到，当拍摄对象位于原来距离的2倍之处时，来自光源的光线只有1/4可以有效照亮拍摄对象四个正方形中的一个。即到达拍摄对象的光量与到光源的距离的平方按比例减少。在闪光摄影中，平方反比定律尤为重要，在本书中我们会不断温习这个概念。"附录A"介绍了如何在现实情况中使用平方反比定律进行计算。

连续光

为什么在讨论闪光灯的书里还专门设立一个关于连续光的部分？其主要的原因在于，与其他光源相比，闪光灯的优点和缺点都变得更加明显。太阳是使用最广泛的连续光源，不但提供了带有实用光谱范围的廉价、明亮的光线，而且随处可见。但是若想用好阳光，就需要使用反光器材、柔光器材、遮光器材和其他光效工具。这些工具将太阳直射的硬光转化为摄影照明所需的漫射性柔光。但是反过来就不行，你不可能在阴天产生硬硬的日光。

白天的自然光线从金黄的暖色调变成纯白色、再变成蓝蓝的冷色调这个过程中，环境光的色温在不断变化。如果在晚上需要一致的室内光或室外光，就需要使用连续的人工光源或闪光灯。和闪光灯相比，连续光的优点主要在于可以立即看到拍摄后的图像是什么样的，而且可以用来捕捉运动图像。但是连续光弊大于利。连续光的光输出相当低，而且许多传统的连续光光源——例如卤素灯、氙灯和发光二极管（LED）灯——产生的光照要么太暖，要么太冷，或者在其光谱中存在着太多的中断。所有的连续光源都需要较长的曝光时间或很高的感光度值，或两者都需要，这就会不可避免地导致增加图像噪点。用闪光灯拍摄的图像通常看起来更干净。

▲ 一些连续光源在其光谱中存在着中断问题。此图显示出阳光或闪光灯（上）产生的光谱与典型节能灯（下）的比较。

闪光灯的性质

在摄影的最早期,摄影师就已经开始使用闪光灯。最初的闪光灯试验使用的是镁粉,在曝光期间手工点燃。现在,我们使用充有氙气的密封玻璃管。闪光灯之所以变得如此受欢迎,其中一个重要原因就是,在很短的时间内提供了极为明亮的光源(参见第 266 页"附录 A"中连续光源与闪光灯的比较)。氙气灯产生的可见光谱,其色温与中午的阳光很接近,因此非常适合于摄影。氙气灯与氖灯或 LED 灯截然相反,其光谱中几乎没有什么中断。闪光和日光相结合后会产生非凡的效果,而且电池供电的闪光灯非常小巧,易于携带,可以让摄影师将瞬间动作凝固在图像中,同时,闪光灯的点状光源非常适于使用反光伞和柔光箱这类附件。以下章节列出的术语和器材均用来说明闪光装置所产生的光。

闪光灯输出 | 闪光灯激发后释放的能量以焦耳(J)或瓦秒(Ws)为单位来测量。如果知道闪光灯中电容器的容量和充电电压,使用以下公式就可以计算出电容器中储存的能量:

$$W = ½ \ CU^2$$

大多数摄影工作室闪光灯的输出均以 Ws 表示(400Ws 为典型值),但附属闪光灯通常用闪光指数这个术语来描述(参见第 8 页"闪光指数"一节)。将焦耳直接转换为闪光指数并不奏效,这是因为闪光指数还取决于其他一些因素,例如光束的反射角度和闪光灯反光罩的变焦设定。如果你需要对附属闪光灯和摄影工作室闪光灯装置进行比较,可以大致认为最常见型号(SB-900、580EX II、YN-560 等)的输出值大约为 60—70Ws。闪光灯输出和曝光值(EV)数值之间的关系是线性的(参见第 266 页"附

录 A")。如果闪光输出量增加一倍,用于拍摄的曝光值也增加一倍。

闪光持续时间 | 人们常认为闪光持续时间太短,在计算曝光时间时可以忽略不计。但是,在使用高速闪光或其他技术先进的手法时,闪光持续时间就与之密切相关了,例如超级同步 [有时也称为伪高速同步或尾同步 (tail-sync hack)]。如下页图中曲线所示,闪光持续时间是个对数函数,而不是线性的,并且以两个常数 $t_{0.5}$ 和 $t_{0.1}$ 表示,两个常数代表闪光输出下降到全功率输出的 0.5 倍和 0.1 倍时所需要的时间。以下公式非常近似地表达出两者之间的关系:

$$t_{0.1} \approx 3 \times t_{0.5}$$

使用附属闪光灯时,可以认为闪光持续时间与所使用的输出设置大致成正比。例如,尼康 SB-900 闪光灯在 $t_{0.1}$(最小输出)时产生 1/20000 秒的闪光,在全功率输出时产生 1/500 秒的闪光。要想凝固液体或飞溅的运动,则需要选择低输出设置,如果一只闪光灯无法提供足够的光线,就要并行使用另外的闪光灯。摄影工作室闪光灯通常无法设置到如此低的输出功率,因此一般都比较慢。

闪光灯输出与闪光持续时间之间的关系并不总是那么适用。摄影工作室闪光灯装置常常采用多个电容,具体视其电流输出设置而定。要想针对最短的闪光持续时间来找到合适的设定,最好的方法就是查阅用户手册或咨询制造商。

闪光指数 | 闪光指数(GN)用来表示一只闪光灯可以产生多少光。GN 的定义是闪光灯能够照亮拍摄对象(A)的最大距离与光圈(B)的乘积:

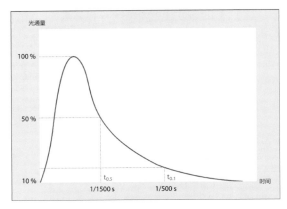

▲ 闪光持续时间 $t_{0.5}$ 和 $t_{0.1}$ 与闪光灯输出的时间关系。

$$GN = A \times B$$

闪光指数可以针对具体的视角和感光度设置来提供。例如：佳能 Speedlite 580EX II 型闪光灯，在 ISO100 以及变焦设置为 105mm 时，GN 是 58（米）。由于闪光指数的值越大，给人留下的印象就越深刻，闪光灯厂家通常按照最大（即最窄）的可用变焦设置来提供闪光指数。我们可以使用最大的拍摄对象距离或已知的光圈设置来计算所需的闪光指数设置。如果感光度数值改变，可以使用下面的公式计算出最大闪光范围：

$$A = \frac{GN}{B} \sqrt{\frac{E_F}{100}}$$

其中，最大距离或光程 A 和闪光指数 GN 的单位是米；B 是光圈设置；E_F 表示当前的感光度设置，通常假设为 100。

第 266 页"附录 A"中提供了一些示例，说明了如何使用闪光指数进行计算。

造型光和直射光

用于描述光线的术语，除了光谱分布和功率之外，还有光线的方向性和漫射性，例如强烈的直射日光、阴影下的柔和光线，或者北向窗户进入的光。日光是直射的点状光源，可以产生边界清晰、边缘锐利的阴影；而从北向窗口进入的光线是漫射光，会形成边缘柔和的阴影。如果没有日光，也没有北向光可用，我们使用闪光灯和光效附件仍然可以创造出不同程度的漫射光。

柔光器材的功能就像云彩一样，将光源放大，并柔化光源的整体效果。反光器材——例如白色墙壁或泡沫板——也有着类似的效果，也会放大光源。由于进入北向窗户的光线并不是直接来自太阳，而是周围物体的散射结果，这种类型的光是漫射光，即使是万里无云的晴天也是如此。拍摄对象和光源之间的距离也起着一定的作用，拍摄对象距离光源越近，其影像就会越大、越柔和。太阳是一个巨大无比的光源，但距离非常遥远，因此日光类似于点光源的硬光。

反射和漫反射 | 如果将一个小光源对着一面镜子，反射的光看起来与光源光几乎相同，这是因为光线是直接反射的。因此，镜子作为反射器材，对于拍摄并没有什么特殊的作用，除非你只是想改变光的方向。如果希望得到柔和的反射光线，就需要使用具有不光滑表面的物体来使光线漫反射。

找准反弹角度 | 就像台球游戏中的球一样，反射光和漫反射光遵循着这个等式：入射角 = 反射角。如果想要光线反射离开反光器材，在定位灯光时，你就要牢记这一原则。

标准光效工具 | 除了反光器材之外，还可以使用半透明的柔光器材对闪光灯的光进行塑造。磨砂和喷砂玻璃，与半透明薄膜、浅色纺织品和纸张一样，都是很好的柔光材料。漫反射光线会让你创造出更加微妙的光线效果。最广泛使用的光效附件是

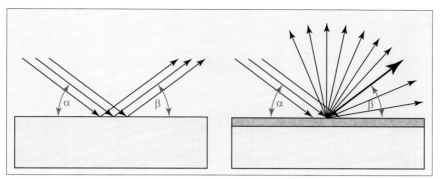

◀ 就像台球一样，光线的入射角度等于反射角度。图中左侧部分显示出光线照射到光滑表面（例如一面镜子）后传播路线的变化。右侧部分显示出不光滑的表面如何散射进入的光线。其结果是直接反射和漫反射的组合。

五合一或七合一反光板，其核心是一个柔光板，外面可以罩上白色、银色或金色反光材料来使用。这种反光板也可以搭配黑色布罩，用来减少到达拍摄对象表面的受光量。

半透明伞是一种可收缩的柔光器材，反光伞则是一种简便的可折叠反光器材。

灯伞类器材也能产生柔和的光线，但由于后面是敞开的，会有不必要的杂散光到达拍摄对象表面。将灯伞封闭起来这一想法促成了柔光箱的发明——这是一种箱形柔光器材，带有后罩，不允许其他光线进入柔光箱。后罩的内表面衬有反光的银色材料，这有助于提高光线输出。柔光箱可以是正方形、八角形、矩形，或者像带状光一样又细又长的形状。柔光器材和反光器材的作用是让光线柔和，与此相反的是，还有其他类型的光效附件可以集中光线和塑造光线。典型的光效附件包括束光筒和蜂巢，将光线成形并缩小成窄光束；挡光板可以精确调整光的垂直或水平散射。也可以靠近光源安装上深色挡光板，使场景的特定区域变暗。

第12—14页上的示意图是各种专业摄影工作室的灯光产品及其产生的相应效果。所有这些工具都有专门设计用于照相机热靴的型号，也称之为系统闪光灯。必须要记住一点，系统闪光灯产生的光输出低于摄影工作室闪光灯，因此不适合用于超大型反光器材或柔光箱。此外，这些产品均有内置反光材料，所产生的光更加直接。系统闪光灯可与灯伞类器材有效地搭配使用，但不太适合用于专业器材，例如抛物面远距反光器材，这种专业器材专门使用全向光源（例如，来自所有方向的日光）。有两种方法可以克服这种限制：

▶ 在闪光灯上安装一个夹式柔光板。这可以产生没有方向性的光线，但会降低闪光输出。

▶ 将闪光灯改成以裸管模式工作。关于如何改造闪光灯的详细信息，请在互联网上搜索"裸管闪光灯"（bare-bulb flash）。

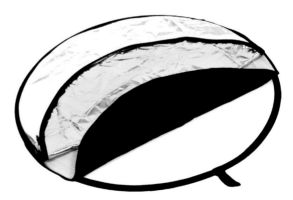

▲ 五合一反光板套件。底板可以用作柔光板。（照片由En-joyYourCamera 提供）

◀ 使用反射伞（左），闪光灯
光线进入反光伞，然后反射到
拍摄对象表面。与反光伞相反，
来自闪光灯的光线透过柔光伞
（右）照射。这两种灯伞均放
大光源并产生更柔和的光线。
（照片由 EnjoyYourCamera 提供）

◀ 矩形柔光箱（左）和八角柔
光箱（右）的内部涂有银色材
料，用来增加光线输出。所产
生的效果与柔光伞相似，但不
会发出杂散光。（照片由 En—
joyYourCamera 提供）

▲ 束光筒及蜂巢（左），安装在机顶闪光灯上的束光筒（中）、挡光板（右）。这些光效附件用于将光线集中并定向为小光斑或条状光束。（照片由 EnjoyYourCamera 提供）

曝光测光

　　闪光灯的曝光测光方式与连续光的测光方式不同。以下内容详细说明了有关可用选项，并讨论了在某些情况下哪一种才是最佳方法。此外，还介绍了如何组合使用闪光灯和环境光。

使用靠得住的设置 | 照片的曝光值是一个绝对值，因此在条件已知的情况下，可以使用标准值。附表中列出了一些简单的情况以及可以预期使用的值。前提条件是假设 0EV 是 f/1 光圈、曝光时间 1 秒的拍摄结果（参见第 270 页上"使用已知值设置曝光"）。在实际情况下，我们很少会使用这个方法来调整曝光，但这会帮助我们培养对改变曝光时间或感光度值后会出现什么结果的预期。例如，在室内人造光下进行拍摄时，需要使用相当大的光圈（例如 f/2.8）以及 ISO800 或更高

的感光度。与此相反，阳光 16 法则表明，在阳光下，如果光圈设置为 f/16，曝光时间是感光度值的倒数（例如，ISO100 时快门设置为 1/100 秒，ISO200 时则设为 1/200 秒等），这样往往能拍摄出一张正确曝光的图像。在 ISO100 和 1/200 秒情况下，光圈则需要设置为 f/11。

场景	曝光值（EV）
傍晚日落之前的地平线	12—14
夜晚明亮的商场橱窗	7—8
画廊	8—11
中午多云天气的景观	12
晚上室内人造光	5—7

◀S 型 9" 抛物面反光罩，Expert Pro Plus 500，88Ws。
测光光圈：
①f/8，
②f/4 + 8/10，
③f/4 + 6/10。

◀S 型 9" 抛物面反光罩加 #1 蜂巢，Expert Pro Plus 500，189Ws。
测光光圈：
①f/8，
②f/2.8 + 8/10，
③f/1 + 3/10。

◀Hensel Accent Tube 束光筒和 Expert Pro Plus 1000，812Ws。
测光光圈：
①f/8，
②f/4，
③f/1.4。

图像拍摄：迈克尔·夸克/Visual Pursuit

◀Hensel Softstar 42 外加柔光伞，Expert Pro Plus 500，330Ws。
测光光圈：
①f/8；
②f/5.6 + 2/10；
③f/5.6 + 8/10。

◀Hensel Master 42 外加银色反光伞，Expert Pro Plus 500，379Ws。测光光圈：
①f/8；
②f/5.6 + 2/10；
③f/5.6 + 5/10。

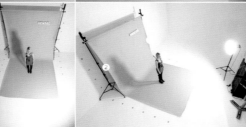

◀Hensel 白色雷达罩，Expert Pro Plus 1000，616Ws。
测光光圈：
①f/8；
②f/5.6；
③f/5.6 + 5/10。

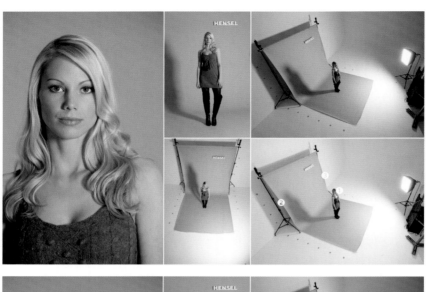

◀Hensel 18 x 26 英寸（1 英寸 ≈ 2.54 厘米）柔光箱，Hensel Tria 3000—AS 加 EH Pro Mini 灯头，462Ws。
测光光圈：
①f/8,
②f/4 + 8/10,
③f/5.6 + 1/10。

◀Hensel Octaform 60 英寸八角柔光箱，Hensel Tria 3000—AS 加 EH Pro Mini 灯头，350Ws。
测光光圈：
①f/8,
②f/4 + 7/10,
③f/5.6 + 2/10。

◀Hensel 3000—AS 环形闪光灯加 EH Pro Mini 灯头，462Ws。
测光光圈：
①f/8,
②f/4 + 8/10,
③f/5.6 + 1/10。

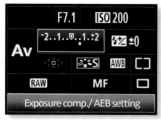

▲ 闪光灯曝光补偿（上）。自动曝光模式时（下），可使用曝光补偿来影响你的效果。

▲ 曝光表显示屏在手动模式下也工作。

由于1/200秒是许多相机的标准闪光同步值，因此如果要使用辅助闪光灯，这是一个重要的基准值（参见第25页"闪光同步"）。尽管该公式仅适用于自然光条件下，但仍然可用来当作出发点，以此计算使用闪光灯拍摄但还包含环境光时的设置值。

使用相机的内置测光表 | 如果使用相机的自动曝光模式，就一定要经常使用内置测光表。在这种模式下，相机使用内置曝光表的读数来自动设置曝光时间、光圈和感光度值，但此时你可以使用相机的曝光补偿功能来调整曝光。

如果你接下来安装的一款通过镜头型（TTL）闪光灯与相机品牌相同，相机则会自动调整曝光。同样，你也可以通过调节曝光补偿来改变曝光。

我发现，每拍一张照片后，自动曝光测光都会产生略微不一致的结果，所以我只在赶时间时才使用这种方式。如果以手动模式进行拍摄，就会获得更加稳定的可预见效果，与此同时，每拍一张照片也要花更多时间仔细测光。在拍摄时，随时注意观察取景器中的测光表显示，这有助于判断环境光。如果使用内置的测光表作为计算的依据，则需要记住一点，测光表读数会假设拍摄对象具有 18% 的反射率。如果是根据来自标准灰卡的读数进行测光，那么一切都没有问题，但是，如果测光读数来自苍白的皮肤或白色纺织品的话，就需要有意拍摄得过曝一些（例如，在 2/3 和 1⅓ 挡之间），以免拍摄出来的图像太暗。利用环境光拍摄肖像时，可以采取以下这个实用方法来设置相机：关闭自动对焦，在切换到手动模式之前先切换到中央重点测光，然后放大，使拍摄对象的脸部充满画面。调整曝光，使得取景器中测光表的读数为 0，然后增加 2/3 挡的过曝。

如果不用看着相机就能够操作相机的控制功能，你可以用这个方法来设置正确的曝光，而眼睛无须离开取景器。以上步骤在点测光和矩阵测光模式下也很奏效。在比较棘手的情况下，我经常使用点测光，而在一般拍摄时则使用中央重点测光。

这种测光方法对于非 TTL 闪光灯的测光也有帮助作用。如果想要排除场景中的环境光，则可以注意观察取景器显示屏上适当的欠曝程度，如果想在拍摄中包含环境光，也可以通过这种方式调整对环境光的曝光值。

使用单独的测光表 | 除了特殊情况的 TTL 闪光灯测光之外，内置的曝光测光表只能测量连续光源。要解决这种制约，可以使用单独的手持测光表来计算曝光值或光圈（如果预设感光度值和曝光时间的话）。

大多数摄影工作室的摄影师对自己的灯进行测光，但这会增加一定的风险：深色拍摄对象变

▲ 摄影师已经预设了 ISO100 和 1/125 秒，测光表计算出光圈值为 f/11。（照片由 Arturko, Fotolia.de 提供）

得太暗，而浅色拍摄对象变得太亮。测量反射的光可以让你针对复杂的拍摄对象更好地判断出正确的曝光。

目前的许多测光表也可以用来测量闪光灯的光线，使用内置传感器来测量峰值闪光强度，或通过射频引闪与闪光灯本身并联的装置。使用闪光灯测光表时，先设置合理的基准值，例如 ISO100 和 1/125 秒，然后打开测光表，触发闪光灯闪光。如果测光表指示出正确曝光的光圈是

◄ 高端测光表可以对直接来自光源的光线或者拍摄对象反射的光线进行测光。

◀ 屏幕放大镜可将显示屏图像放大,因此更容易判断图像的品质和清晰度,无论环境光多明亮,也不会受到影响。

f/11,但你设计的拍摄需要更大的光圈,那么只需在闪光灯上拨到适当的值即可。请记住,每一挡全光圈均会使闪光输出增加一倍(或减少一半)。如果你的闪光灯在各挡全光圈之间还支持更小的调节增量,每个增量通常代表 1/3 挡或 1/10 挡。

使用相机显示屏和直方图进行测光 | 这种测光方式包括试拍,然后在相机显示屏上目视检查拍摄效果(借助过曝警告功能),可以快速、可靠地判断曝光情况。尽管相机显示屏较小,但能够充分显示出图像的品质,精确显示出图像中光线的分布情况。你可以快速判断出主光和强调光布置得是否正确,以及闪光灯的灯光和环境光是否达到了良好的平衡。如果相机显示屏上的图像太亮或太暗,则可以关闭自动亮度功能。我总是这么做:

设置一个静态的中等亮度值。在明亮的光线环境中,专用的屏幕放大镜是一种很棒的工具,它可以帮助你准确地看到预览图像。我也会使用高光

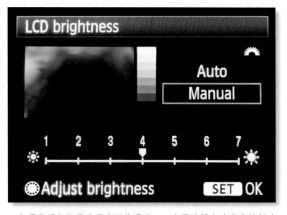

▲ 如果使用相机显示屏来评价曝光,一定要关闭自动亮度控制功能,如果条件允许的话,尽可能使用屏幕放大镜。

过曝警告功能（过曝区域闪烁），帮助发现任何高光溢出之处。

　　直方图也是非常有用的曝光辅助手段。曝光完美的照片，其直方图曲线靠近但没有接触到图形的右侧。稍加练习，你就会知道直方图中的波峰和波谷分别代表着图像的哪一部分。例如，在附图的示例图像中，你可能认为，与图像的其他部分相比，天空不是那么重要。溢出的高光或许没有太大的关系，因此你可以决定，为了保留建筑物正面的暗部细节，曝光过度是值得的。

　　另一方面，你也可以对逆光的主体进行曝光，保留背景的细节，而主体表现为剪影。人体模型图像的直方图可以很容易辨别出图像是否正确曝光。例如，对页下方模特基米的逆光照片中，背景的作用是次要的，因此闪烁的警告区域并不重要。

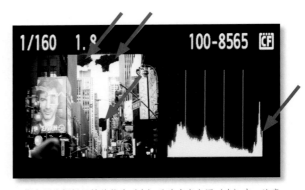

▲ 指向图像闪烁区域的箭头（左）反映在直方图（右）中。注意直方图右侧的波峰表明曝光过度：图像的这些区域溢出（即不包含任何有用的数据）。

▼ 直方图表明剪影曝光完美，黑色部分浓厚、饱和，而背景部分没有溢出区域。

▲ 启用直方图警告功能可以看到是否需要调整曝光。

▲ 图像中只有很少的明亮区域（模特的脸部和手臂，以及背景中的路灯），这张照片在直方图中表现为欠曝，但是曝光正确。屏幕截图来自佳能 EOS Rebel T1i（EOS 500D）（上图）和佳能 PowerShot G10 （下图）。（模特：蕾卡）

　　我使用佳能 PowerShot G10 拍了上面的照片。对于相机与拍摄对象的这种组合，在辨别直方图右侧很少的相关波峰时，需要引起极大的注意。当你拍摄的主体在画面中占据的面积不是很大时，一定要小心谨慎。根据场景和相机的具体情况，可能极不容易正确识别出直方图中与主体相关的部分，因此难以对曝光做出评价。这种情况下，最好利用相机的显示屏或检查闪烁直方图警告。

◀ 闪亮区域表明，逆光强烈，背景完全溢出，但模特曝光正确。（模特：基米）

如果想要利用直方图和闪烁警告来评价曝光，就需要充分了解相机的显示屏。如果你改变了摄影系统（例如，从佳能换成尼康），则需要习惯新相机的功能。不同的相机以不同的阈值来表示过曝情况，并且不同相机显示屏的亮度也有所不同。如前所述，使用固定的显示屏亮度和屏幕放大镜会极大地帮助你正确评价曝光。稍加练习，用肉眼就能够判断曝光情况，和使用测光表差不多。如果你掌握了这种方法，你也就加入了杰出的专业摄影师行列，这其中包括大卫·齐泽（David Ziser）、尼尔·凡·尼克尔克、大卫·霍比、乔尔·格里姆斯（Joel Grimes）和凯文·久保田（Kevin Kubota），他们都很少使用测光表。

手动闪光灯设置

手动设置非 TTL 闪光灯有多种方式。其中，最简单的方法就是抑制环境光的影响，并且只使用闪光灯照亮主体。如果想要将自然光和闪光灯组合在一起，情况就会变得更加复杂。

不包括环境光的闪光 | 这种拍摄方式设置起来最为简便。先从使用设置开始，例如 ISO100（保证噪点低），f/5.6（保证足够的景深），以及 1/125 秒的快门速度以确保不会与相机的同步速度能力发生冲突（稍后讨论）。将闪光灯尽可能靠近拍摄对象，但也要保持足够的距离，确保可以照亮整个场景，然后将闪光灯输出设置到 1/4。试拍一两次之后，可以微调输出设置，但要记住，第一次试拍时不使用闪光灯，目的是为了检查环境光是否得以抑制。由于闪光持续时间远远小于快门打开的时间，只有光圈、拍摄对象距离和闪光灯的输出决定了图像的成像——曝光时间没有影响。唯一例外的情况是使用高速同步（HSS）技术（参见第 25 页）。

▲ 通用型 YN-560 外接闪光灯没有内置TTL功能，必须手动控制。

① 标准手动模式
② 闪光灯准备就绪声音开关
③ 电池组接口
④ PC 同步插座
⑤ 充电指示灯／闪光测试按钮
⑥ 节电指示灯
⑦ 固定旋钮
⑧ 模式开关（M、S1、S2）
⑨ 灯头变焦 +／−
⑩ 正面：无线触发光学感应器
⑪ 副灯模式，带预闪取消
⑫ 副灯模式
⑬ 转动活节
⑭ 反光板
⑮ 广角扩散板

　　尽管这种外闪客风格的手动闪光灯设置需要做出更多的努力,但你不会需要使用带有任何智能功能的闪光灯或者是中看不中用的内置电子闪光灯。事实上,你可以使用自己能找到的最便宜的闪光灯。对页附图所示是永诺 YN-560 型,这是一款广泛使用的经济型闪光灯。每个 LED 灯代表一挡全光圈(即每个增量将闪光输出降低一半或增加一倍)。YN-560 的闪光输出和佳能 Speedlite 580EX II 闪光灯一样,但价钱大约是后者的 1/8。但佳能闪光灯具有一些先进的功能,例如 TTL 自动模式、高速同步、无线闪光控制和频闪模式——当然,你也可以用于手动模式,作为外接闪光灯的昂贵替代品。

环境光和闪光灯相结合 | 在正确的情况下,可将环境光和闪光混合在一起,产生极为有趣的效果。将场景中的人工灯与闪光灯照亮的主体结合在一起,可营造出一种黄昏的感觉。在这种情况下,曝光时间决定了图像中闪光和自然光的比例。较长的曝光时间会让更多的环境光到达传感器。你不需要改变所使用的闪光输出量,但主体必须要略微欠曝。如果拍摄对象已被环境光正确照亮,加入闪光灯就会曝光过度。

　　开始先选择相机设置,使得场景在不使用闪光灯的情况下得到正确曝光,然后将背景欠曝 1 挡或 2 挡,确保看起来还很好。在添加闪光灯照亮拍摄对象之前,检查测光表读数以及在相机显示屏上的效果。

手动控制型离机闪光灯 | 使用手动控制型离机闪光灯具有许多优势。我们可以选择闪光灯到拍摄对象的距离以及闪光灯的朝向,并且可以使用光效附件微调闪光效果。可以使用电缆或红外遥控器以非 TTL 模式遥控引闪离机闪光灯。闪光灯电缆有各种形状和大小,并且所有的 TTL 电缆均可用于触发已经设定为手动模式的闪光灯。第 22 页左上示意图为永诺 OC-E3 电缆,其两端都有热靴,可以用于没有 PC 插口的闪光灯。

　　大多数闪光灯均可使用内置光学传感器来遥控引闪。如果相机上主闪光灯的直射光破坏了布光,则可以使用红外滤光片罩住反光板(例如,尼康 SG-3IR 型内置闪光灯用 IR 板)。

　　最优雅、最稳妥的闪光灯遥控引闪方式就是使用无线电控制。这种高端技术现在已经非常普遍,这里强烈推荐亚洲制造商的一些产品型号,例如永诺 RF-602。普威(PocketWizard)是另外一家闪光灯配件制造商,他们的产品可以提供一些其他的功能,例如 TTL 功能,其产品质量略强于永诺的产品。

　　有些相机带有内置无线闪光灯控制功能,如果你使用由同一制造商生产的闪光灯,则无须额外的附件。电缆、光学系统和引闪器触发系统通常可与任何品牌的相机和闪光灯搭配,但是索尼生产的相机例外,它们使用专门的闪光灯热靴,但只要用转接器就可解决这个问题。

▲ 通过电缆连接离机闪光灯。采用这种方式遥控触发闪光灯最简单、最经济、最可靠，但存在踩踏电缆的风险。此图中所示的永诺 OC-E3 电缆适于以手动或 TTL 方式使用佳能闪光灯。类似电缆也可用于尼康和其他制造商生产的闪光灯。

▲ 使用其内置光学传感器引闪的离机闪光灯（此处为 YN-560）。这是一种经济有效的离机闪光灯引闪方式，但仅适用于短程距离。热靴底座式铰接型闪光灯用作主灯，比弹出式闪光灯能够提供更大的功率，以及更多的控制。

▲ 使用凯泽（Kaiser）外接感光引闪器引闪的离机闪光灯。示图为安装在凯泽引闪器之上的佳能闪光灯（相机自身没有内置感光引闪功能）。这是一种经济的解决方案，短距离时效果最好，但只适用于主灯和从属闪光灯之间没有任何障碍物的情况。

▲ 永诺 RF-602 是一款非 TTL 型无线电引闪器（发射器安装在热靴上，接收器安装在离机闪光灯下面）。这种解决方案简便、经济，工作距离也比较长，而且不需要与引闪器保持直接的视觉接触，甚至能够穿透混凝土墙壁进行工作。缺点是这种型号不提供 TTL（自动）闪光，不支持高速和后帘同步。

TTL 技术

　　早期闪光灯技术采用内置传感器计算所必需的闪光输出，独立于相机本身的电路，TTL 技术由此发展而来。TTL 技术，顾名思义，直接通过相机的镜头对闪光进行测光，确保由闪光灯发出的光与场景和镜头视角完全相符。TTL 系统触发一次预闪，相机电路据此计算出正确的曝光，然后将相应的数据发送给闪光灯。闪光灯使用这些数据来计算正确的闪光输出量。这种复杂的数据传输要求相机和闪光灯内采用高端技术，也要求两者之间具有高科技接口。具有 TTL 功能的闪光灯带有更多的热靴触点，很容易辨认。TTL 软件和硬件一般均为制造商专有，虽然第三方制造商——例如日清（Nissin）和美兹——生产的闪光灯与尼康、佳能、索尼、宾得或奥林巴斯的系统兼容，但仍需要选择适合自己闪光灯的型号。下页示意图是较为流行的佳能 Speedlite 430EX II 闪光灯。

▲ 非 TTL 热靴（上）有两个触点：接地和引闪。TTL 热靴，示意图为佳能的一款产品（下），带有多个触点，用来在相机和闪光灯之间传输复杂的控制信号和曝光数据。

测光模式| 在 TTL 模式下，相机采用非常类似于我们所熟悉的点测光、中央加权测光技术，以及连续光情况下使用的矩阵测光方式来控制曝光。佳能的 TTL 技术提供了中央加权和矩阵模式，其他制造商也提供了类似的选项。佳能和尼康提供闪光灯点测光功能——佳能称为闪光曝光锁定（FE Lock），而尼康则是闪光值锁定（FV Lock）。闪光曝光锁定和闪光值锁定将经过点测光的曝光值保存起来，然后可以用来照亮重新取景的图像；这种方法通常称为测光和二次构图（meter and recompose）。我们在第一讲中已经使用了点测光／闪光曝光锁，就是让预闪与主闪光灯脱开。掌握了这个技巧，甚至无须预闪取消就可以使用副闪光灯。

▲ 佳能 Speedlite 430EX II TTL 闪光灯

① 液晶显示屏照明／自定义功能设置按钮

② 指示灯／测试闪光按钮

③ 闪光曝光确认指示灯

④ 热靴锁定释放按钮

⑤ 变焦按钮／无线设置按钮

⑥ 高速同步／后帘同步按钮

⑦ 模式设置按钮（TTL／手动模式）

⑧ 正面：TTL 无线传感器

⑨ 正面：自动对焦辅助光发射器

⑩ 闪光灯头旋转和锁定按钮

⑪ 广角扩散板

TTL 模式下闪光灯和环境光相结合｜TTL 技术可以很容易地将闪光灯和环境光结合起来。只使用相机的其中一个自动模式对场景测光（不使用闪光灯），使用曝光补偿（EC）减少整体曝光值，打开闪光灯电源，然后进行拍摄。闪光灯会自动以正确的输出照亮拍摄对象。在这样的情况下，对于闪光灯来说，佳能系统会忽略你所进行的任何曝光补偿设置，始终对用于主体的闪光进行测光，而尼康系统则自动将补偿值加入闪光计算。要解决这个问题，就必须使用闪光灯上的闪光曝光补偿（FEC）功能，抵消相机上的曝光补偿（EC）设置。例如，如果将 EC 值设置为 -1EV，必须将 FEC 值设置为 +1EV 进行补偿。在手动模式下，佳能和尼康系统的功能几乎相同。我们可以对环境光进行测光，让闪光灯自动计算出前景中主要拍摄对象的正确用光。唯一的区别是，在手动模式下，尼康的 EC 值也会影响曝光。这似乎有点奇怪，但至少与光圈优先（AV）和快门优先（TV）模式的行为是一致的，而且能够让使用者在手动模式下偏向于曝光测光显示。

　　如果是在较为棘手的情况下进行拍摄，例如在自然光较低时，最好将相机设置为手动模式，然后根据自己的经验来选择最佳相机设置（相机噪点在容忍范围之内的感光度设置、与手持相机拍摄时的安全快门速度相对应的光圈），而不依靠相机的自动测光系统。这样，你控制包含在曝光中的环境光的量，而 TTL 闪光灯控制拍摄主体的照明。现在，你可能已经感觉到，TTL 技术是个有点难以捉摸的高科技。要想充分发挥出你的 TTL 设备的最大功效，就必须深入研究你的相机手册和闪光灯手册，在各种条件下进行大量的试拍。

▲ 使用永诺 ST-E2 作为主灯、佳能 Speedlite 430EX Ⅱ作为从属闪光灯的 TTL 离机闪光灯控制。这个解决方案相当经济可靠，但在闪光灯之间需要可以互相直接看到，不能有障碍物。佳能闪光灯，例如 Speedlite 580EX Ⅱ，在此设置中也可以作为主灯（但从属的 430EX Ⅱ不会工作，因为它没有内置主灯功能）。

离机 TTL 闪光灯｜TTL 闪光灯可离机使用，使用其制造商的闪光灯电缆最为简便、经济，但还有更好的办法。主要厂商都开发了自己的光学闪光灯控制系统，或者基于红外技术（佳能），或者采用脉冲闪光（尼康创意闪光系统，或 CLS）。有些佳能相机（例如 EOS 7D）带有内置主机引闪功能，而其他一些相机则需要专门的或第三方热靴式红外发射器，例如 ST-E2 模块（佳能产品，永诺也有克隆型号）。

　　无线电控制是控制闪光灯的可靠方式（但更为昂贵），并且发射器和接收器之间不需要可以直接看到。佳能提供的 Speedlite 600EX-RT 无线电遥控闪光系统、第三方制造商普威的 MiniTT1 与佳能和尼康闪光灯兼容。

闪光同步

快门打开时通常必须触发闪光灯。以下内容说明了如何才能实现闪光灯和焦平面快门的同时互动。

焦平面快门 | 目前的绝大部分数码单反相机都配置了在标准模式下工作的双帘焦平面快门，如左下图所示。当快门释放（t_0）时，第一快门帘幕下降，直到传感器完全暴露出来（t_1）。从过程开始时（t_0）传感器便曝光，在t_1到t_2之间完全显露出来。第二快门帘幕然后下降，覆盖住传感器，在t_3时完成快门运动。如果闪光同步成功的条件不成立——即曝光时间小于相机的闪光同步速度（佳能1/200秒，尼康1/250秒）——传感器则不会完全暴露出来，结果会在画面的底部出现暗条，如第26页上的照片所示。

为避免沿画面出现黑条，可以使用高速同步（HSS）。还有另外一种选择，使用超级同步（也

叫伪高速同步或尾同步），但是主要相机制造商不直接支持，我会在第4讲中解释如何使用。

在实践中，如果使用的是RF引闪型离机闪光灯，则需要在曝光时间中增加一点余量，补偿由于RF传输造成的轻微时滞。在大多数情况下，1/125秒的快门速度是不错的选择。

高速同步 | 在高速同步模式下，像在标准模式下一样，闪光灯不仅发射预闪后再进行主闪光，而且整个曝光期间会像频闪灯一样产生脉冲。多只闪光灯具有像连续光源一样的效果，会消除图像中的黑条问题。在该模式下，需要计算曝光值，就像在连续光条件下拍摄一样。例如，如果将曝光时间减少一半，那么也只会有一半的光可用（参见第266页上的曝光计算示例）。需要注意的是，大多数闪光灯即使在手动模式时也可以设置此HSS模式，从而消除测光预闪。

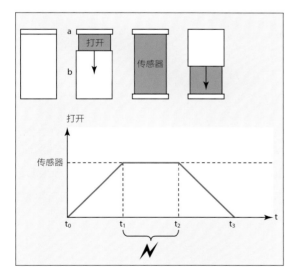 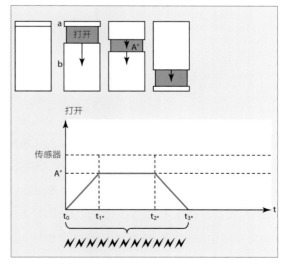

▲ 左侧示意图表示出成功的同步。右侧示意图表示曝光时间过短，闪光灯仅在高速同步模式下使用多个较弱的闪光灯来模拟连续光。

▲ 如果在曝光时间小于相机同步速度的情况下使用闪光灯，照片通常会沿边框出现一道黑条。使用佳能 EOS 5D Mark II（同步速度 1/200 秒）拍摄，实际设置到 1/250 秒。（模特：罗玛莎卡）

▲ 从左到右：① 佳能 PowerShot G10，Av 模式（未闪光）；
② 同前一张，欠曝 2 挡；
③ 使用 YN-460 非 TTL 闪光灯，以螺旋电缆连接。

照片 #3： f/4.5 | 1/2000 秒 | ISO100（模特：茄莉蓓莉和克里斯）

你可能想知道，为什么需要这么短的曝光时间。各种情况都要求采取这种方式。例如，如果在阳光直射下使用闪光灯拍摄时，通常需要设置大于 1/200 秒的曝光时间，因此，为了弥补，就必须将光圈缩小。然而，这种方法占用了大量的闪光灯功率，从而导致其不能使用大光圈。解决这个问题的一种方法是，使用中灰密度（ND）滤镜，但是这会对图像品质会产生不利影响（参见第 64 页）。

前述的 HSS 选项可以作为一种解决方案，但也存在缺点。HSS 的主要缺点是，光线总量减少了大约 2 挡（使用佳能相机时，损失为 -1.66EV）。过去很长一段时间里，离机闪光灯仅在与相机制造商生产的甚为昂贵的红外或无线电控制系统，或是普威的 MiniTT1 和 FlexTT5

型号一起使用时，HSS 才切实可行。现在有一些公司提供了更便宜的无线电引闪器，例如：永诺（YN-622C/ N）和富达时（ Phottix, Odin TTL 闪光灯引闪器，参见第 274 页"附录 A"中的"计算 HSS 模式时闪光曝光"）。

另一种方法是使用诸如尼康 D70 和佳能 EOS-1D 这类相机，它们具有混合的机电快门，可以采用极短的闪光同步速度。在便携型相机中，更为广泛采用的是电子叶片式快门，像佳能 PowerShot G9 和 G10，能够以 1/4000 秒这么快的闪光同步速度进行拍摄。

超级同步（SuperSync）或伪高速同步（参见第 54 页）是另一种可以产生类似效果的方式。这涉及使用摄影工作室或便携式闪光灯头，将闪光灯设定为高输出（即闪光持续时间长），并将闪光持续时间设定为至少和曝光时间一样长。换句话说，在快门打开的整个时间段内，闪光灯装置持续发光。这种技术需要非常敏感的触发系统（基于专用的系统闪光灯），以及光学伺服从属触发器。需将系统闪光灯设置为手动模式（取消预闪）和HSS。然后触发光学伺服装置，再触发标准的无线电发射器，例如永诺 RF-602（实际上甚至更早一点儿）。如果闪光灯被设定至足够高的输出设置，闪光持续时间会大于曝光时间。

有趣的是，这种技巧也适用于没有 TTL 或 HSS 功能的经济型外接闪光灯设备。例如，永诺 YN-560 可以用于比相机同步速度还低的速度。但是，闪光灯必须设置为全功率输出（保持闪光持续时间尽可能长），而且可能需要并行使用几只闪光灯来提供足够的光线。这种方法有一个缺点，就是闪光灯熄灭期间亮度不均匀。这种缺陷可以在 Photoshop 中修复，但问题严重时足以毁掉一幅图像——窍门儿在于时间的把握。这种时新的方式赢得了众多追随者，可以在互联网上搜索"超级同步"（SuperSync）、"超高速同步"（HyperSync）、"尾同步"（tail-sync

hack）和"外闪客"（strobist）了解更多的有关资料。

前帘和后帘同步 | 再来看看第 25 页的左下图，我们会看到，在整个曝光期间，有很多时刻可以触发闪光灯。前帘同步触发闪光灯的时间是 t_1，而后帘同步触发闪光灯的时间是在大约 t_2 减去闪光持续时间的时刻。如果结合较长的曝光时间来使用后帘同步，则可以改变图像的成像，而且效果往往与观看者的视觉更和谐。

大多数专有系统闪光灯可以在相机菜单或闪光灯菜单中设置前帘或后帘同步，但使用第三方装备时会比较复杂。使用外接闪光灯，通过其从属传感器遥控引闪第二只闪光灯，就可以解决所有的限制。这样的话，可以使用摄影工作室闪光灯拍摄后帘（和超级同步／伪高速同步）效果。若采取这种路线，请记住将引闪闪光灯切换至手动模式，取消预闪。最后还有一点十分重要：如果你不太相信从属传感器的可靠性，可将从属触发器靠近闪光灯，然后用它来触发无线电发射器。要知道，关于闪光灯的使用，其组合方法无穷无尽！

▲ 两张照片中，汽车都是从左向右运动。上面的图像中，使用了前帘同步，效果有时令人难
以置信。下面的图像中，采用了后帘同步，产生的效果更符合我们的预期。

选择你的装备：摄影包里的必备品

▶ 如何选择合适的装备，避免购买错误的东西
▶ 外景拍摄时的装包内容
▶ 使用摄影工作室光效附件和机顶闪光灯

与高尔夫、滑翔伞这类爱好不一样，摄影相对来说很便宜，尤其是现在已经没有了胶卷和显影的费用。但是，现在的摄影师经常收藏大量的装备，希望增加灵活性并获取更好的图像——我也不例外。但是，你真的需要所有这些器材吗？有时候，一个自己动手制作的装备不仅便宜，而且可能比商业化生产的工具更好用。举个恰当的例子，比如说 Spin-Light 360 EXTREME，无非就是尼尔·凡·尼克尔克商业版的一块黑泡沫软片（http://neilvn.com/tangents/the-black-foamie-thing/），花十几元钱，用不了五分钟就

▲ 常见的软管夹，能够简便、可靠地将柔光伞固定到三脚架上。这可能不是最漂亮的解决办法，但它是最便宜的方式。

能制作完毕，可以放入任何的相机包中。而 360 EXTREME 又重又笨，且价格不菲，只能让人感觉你在摆阔（www.spinlight360.com/shop/spinlight-360-extreme）。

在本章以及随后的 40 讲课程中，我只提及我发现的真正有用的装备。只要有可能，我会建议使用廉价的器材来替代商业产品。

轻装上路

也许你会惊讶于旗舰级闪光灯设备的，费用比基本的摄影工作室闪光灯装备还要高，例如尼康 SB-910、佳能 Speedlite 600EX-RT 或美兹 Mecablitz 58 AF-2 Digital。不过，你若是刚刚起步，我建议你从低廉的非 TTL 闪光灯开始着手。这不但省钱，而且还会迫使自己学习手动闪光灯设置，令你的学习事半功倍。如果你使用 TTL 闪光灯，而且总是将相机设定为程序自动模式，就会错过很多创意机会。

亚洲制造商生产的非 TTL 闪光灯在易趣网上售价也就 35 美元左右。完整的入门套件可以包括两只闪光灯（例如，永诺 YN-460，带有内置的光学从属设置）、两三张泡沫板、两把柔光伞以及两个灯架（旧的相机三脚架也行）。使用五金店出售的软管夹将柔光伞固定到灯架上，这种方法简便易行。

① 摆姿指南小册子（自制）

② 商业名片

③ SanDisk CompactFlash（CF）存储卡

④ LEE 牌彩色滤光片

⑤ LEE 牌色片（CTO）及其他专用滤光片

⑥ 佳能 Speedlite 580EX II 闪光灯

⑦ 佳能 Speedlite 430EX II 闪光灯

⑧ 心形 LED 闪光灯（对焦辅助用）

⑨ 胶带

⑩ 各种 ND 滤镜（B+W，保谷）

⑪ 铝箔

⑫ 佳能相机备用电池

⑬ 富达时相机快门线

⑭ 超细纤维镜头清洁布

⑮ 模特授权协议书

⑯ 永诺 RF-602 无线电引闪器

⑰ 新霸 DSU-01 光学触发器

⑱ 佳能 EF 24—105mm f/4L 镜头

⑲ 佳能 EF 85mm f/1.8 镜头

⑳ LCDVF 显示屏放大镜

㉑ Eneloop AA 和 AAA 充电电池

㉒ 佳能 EOS 5D Mark II 机身和 EF 70—200mm f/2.8 IS II 镜头

㉓ 闪光灯引闪器备用电池

㉔ 相机螺丝（1/4 英寸）、冷靴、固定销

㉕ 黑泡沫软片（软毡）

㉖ LED LENSER P3 手电筒

㉗ 笔

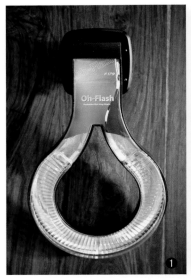 

▲① 富达时 Oh—Flash 环形闪光灯转接器。尽管该器材不是最高品质的类型，有时还有点不稳定，但至少价钱不贵。
▲② 极光牌（Aurora）支架¹，适用于威摄（Walimex）、保荣（Bowens）和金贝的光效附件，可以出色地代替复杂的闪光灯－柔光箱（flash2softbox）系统。

这个基本套件足够在家里拍摄食物、产品和人物肖像。外景拍摄的挑战会更大一些，因为光学闪光灯引闪器在户外不十分可靠，而且低档的三脚架可能也不够稳定。但即便是这些挑战，也能够以相对较小的代价予以解决。要解决这些问题，你最需要购买的器材是无线电接收器（例如永诺 RF-602）、两个或三个 8—10 英尺（1 英尺 ≈ 30.48 厘米）灯架（威摄这个品牌相当不错），以及两三个质量好的反光伞转接器 [例如曼富图（Manfrotto）026]。此外，你还需要一个柔光箱（flash2softbox、Lastolite Ezybox、Aurora Firefly XL 等）。你很快就会发现自己喜欢拍摄哪类题材，然后可以投资购买自己确实需要的装备。我使用雷达罩、夹子、转接器、球头、束光筒、蜂巢以及曼富图、路华仕（Novoflex）和 Lastolite 品牌的其他光效附件。

如果你希望在婚礼和其他公共活动上进行拍摄，迟早会需要使用 TTL 设备。手动调整设置需要很长时间，这会影响你捕捉到重要的时刻。使用 TTL 装备的缺点在于其价格。一只 TTL 闪光灯的价格可能是非 TTL 闪光灯的 6—8 倍，而且可靠的无线电控制器也是一笔较大的开销（例如：普威的 PocketWizard TT1/TT5 或佳能的 600EX-RT 系统）。但这取决于你如何使用自己的设备，你也可能很快就收回成本。其他的专业微距或高速装备也会很贵。在这本书稍后的讲习中，我会在各讲中分别列出使用的装备。

我的日常背包

我用的是乐摄宝（Lowepro）SlingShot 302 AW 双肩背包，它可以轻松容纳已安装上 70—200mm 镜头的全画幅数码单反相机。我

极光¹：尽管极光牌支架已不再生产，但这是非常好的产品，在易趣网上可以找到。也可以使用富达时 HS Speed Mount Ⅱ 来代替。

的背包里还装有其他的一些标准配备，但是我每次拍摄随身带的镜头会有所不同。我通常最终会使用 70—200mm 和 24—105mm 变焦镜头以及 50mm 或 85mm 定焦镜头 [或一只镜头宝贝（Lensbaby）组合镜头] 。

三脚架和灯架

我使用旅行包或运动包携带三脚架和灯架。有些灯架太长，不能放入包里，但包里会有很多空间可以放闪光灯和其他附件。如果你不想凑合的话，卡鲁梅（Calumet）专用三脚架包物有所值，是个非常不错的选择。我单独携带较大的附件，

例如我的五只闪光灯（参见本书第 5 讲和第 6 讲）和雷达罩。

其他附件

在第 2 讲中，我使用了 Sambesi 的闪光灯—柔光箱系统。该系统组件结实灵活，但卡口座需单独提供；我用它来安装自制的唐人街专用雷达罩（http://vimeo.com/9577963）。该系统还包括用于保荣和威摄 VC 附件的转接器。

有各种转接器可用来将光效附件安装在系统闪光灯上，例如，极光牌支架可用于安装保荣附件，Hedler FlashEule 可用于安装 Hedler 产品。请

▲ 我灯架包中的物品（图中不包括我的威摄灯架）

① 路华仕灰卡

② Delamax 五合一反光板

③ 胶带（通常几乎全部用完！）

④ 曼富图 026 反光伞转接器

⑤ 四只永诺闪光灯

⑥ 两套曼富图 1052BAC 微型灯架

⑦ 威摄柔光伞灯箱

⑧ 两把威摄白色柔光伞

⑨ 威摄银色反光伞

⑩ Koenig 单脚架／独脚架

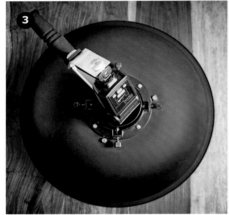

◄闪光灯－柔光箱系统:
① 安装在佳能闪光灯上的柔光箱;
② 柔光箱安装在带转接器的永诺闪光灯上;
③ 安装上我自制的唐人街专用雷达罩;
④ 唐人街专用雷达罩正面。

注意：市场上有很多不同的安装座，因此如果你不确定哪些附件适合你的系统，要向商家了解详细信息。

有很多公司（雷闪、enlight photo 等）生产物有所值的环形灯转接器，可用于系统闪光灯。尽管这些装置产生的输出不如专有环形闪光灯和环形氛气灯，但其会使自己的试验变得非常有乐趣。我有时使用低端的富达时 Oh-Flash 闪光灯。它真是物有所值，但需要使用很多胶带才能将它固定在我的闪光灯上！

多年来，我已经积攒了很多夹子、鹅颈夹具、桌面三脚架，但我发现曼富图和路华仕附件最好。

其他器材

有一些器材需要掌握专门的知识才能使用。以下是一些贴士：

▶ 像永诺 YN-462 这种最便宜的闪光灯，使用旋钮调节时，没有挡位。在拍摄时不是很可靠，应该尽量避免使用。确保你的闪光灯在整个 EV 增量范围有明显的止动挡位（即 1/1、1/2、1/4 输出）。

▶ 如果使用曼富图 026 灯伞转接器，需确保伞杆呈一定的角度，而且闪光灯朝着灯伞的中心——否则别人会认为你是新手。至少，在我身上发生过这事儿。

▶ 许多经验丰富的外闪客喜欢使用 Eneloop 电池。这种电池具有很高的充电容量，而且不使用时，放电速率非常低。尽管其标称电压较低，但提供的电力和常规电池一样多（测试结果参见 www.flickr.com/photos/galllo/7883565718/）。请确保使用支持单电池充电的充电器。一定要使用成套的 Eneloop 电池，并将其存放在所提供的塑料盒中。不要混用不成套的电池；在电池上贴上标签，注明购买日期，确保万无一失。如果你需要在一次活动中进行拍摄，而且在很短的时间间隔需要使用闪光灯拍摄大量照片，可以尝试使用外置电池盒。永诺 YN-560 和佳能 Speedlite 580EX II 都有用于连接外部电源的接口。

▶ 在户外时，为了防止柔光伞翻倒或断裂，可以使用胶带将水壶绑到底架上来增加配重，或者使用帐篷钉对其进行固定。如果风太大，拍摄时就不要使用光效附件——硬光看起来也会很酷。

▶ 在使用光学从属触发器或尼康 CLS 系统闪光灯拍摄时，请确保主闪光灯和副闪光灯之间没有任何障碍物。不同型号的闪光灯（有时即使来自同一生产商）的光学接收器的位置都不同，因此一定要确保知道自己对准的地方。在环境复杂的情况下，可以使用铝箔将触发器信号反

▲ 各种夹具和支架系统

① 曼富图 Magic Arm 魔术臂（可单独购买，或与图中所示的灯架和 Super Clamp 成套购买）

② 曼富图 Super Clamp 035

③ 两个 FourSquare 闪光灯转接器，每个可用于四只闪光灯

④ 威摄鹅颈及台夹

⑤ 宙比（Joby）GorillaPod 单镜头反光可变焦相机支架

⑥ Proxistar 泡沫板双叉架

射到正确的位置上。

▶ 如果你和一群摄影师一起拍摄，应使用彩色胶带明确标记自己的设备，这样，在大家在装包时，你就能够知道哪些设备是自己的。

▶ 在户外雨中拍摄时，可以使用冰箱冷藏袋保护自己的闪光灯。

▶ 闪光灯和无线电接收器通常都有专用的便携包、微型支架以及其他附件。我喜欢预先安装好自己的灯具（灯架上装有柔光伞转动座、接收器、闪光灯和柔光伞），然后将伞折叠起来，放入三脚架包携带，随时准备拍摄。这样的话，等我到达地点后，一切都已准备就绪。大多数装备足够稳定，适合这种携带方式。

▶ 如果你在网上了解的话，威摄和永诺产品的声誉似乎不是很好。但我发现，他们提供的产品真的是物超所值。如果丢失或损坏的话，不用花费大价钱就可以替换，而且通常很容易就可以修复 [请参阅 YN-460 说明：www.flickr.com/photos/galllo/4732637702/ （向下滚动，阅读英文版本）]。

快乐从此开始！
40 个布光创意

· 肖像和时尚

· 闪光灯与微距摄影

· 静物和产品拍摄

· 美食照片

· 高速闪光

第 1—13 讲
肖像和时尚

    一般来说，肖像和人物摄影可能是最重要的创意闪光灯技术的应用领域。我们决定不了天气，在雨中，或者是太阳高挂在天空中时，就很难拍摄到悦人的画面。连续光非常适合于摄影工作室内的这类工作，而电池供电的闪光灯，由于其重量轻、尺寸紧凑、输出高，适合于外景拍摄。以下的讲习从适合于拍摄商务人士肖像的简单布光开始，然后循序渐进到更复杂的技术，如影调偏移和超级同步 / 伪高速同步。

第1讲
商务人士肖像

▶ 如何使用机顶 TTL 闪光灯进行简单的布光，拍摄商务人士肖像
▶ 如何使用主 TTL 闪光灯来引闪作为强调光的非 TTL 闪光灯

有时，有些商业人士请我拍张照片，用于他们的网站、简历或求职申请。对于这类工作，我喜欢携带尽可能少的装备，所以我通常只是带着背包、一块反光板、两只闪光灯和一副轻型三脚架去拍摄。本讲中将介绍我是如何布光的。

在继续讲解之前，需要说明一点：使用柔和的光线来拍摄肖像看起来会更好。大型光源最容易产生柔和的光线，但是对于我们在此讨论的这类拍摄而言，则太过于笨重，有一种可折叠的七合一反光板是这种拍摄最好的选择。它可以用来塑造阳光和闪光灯光，也能用来产生又大又令人愉悦的光源。还有一种减少自己随身器材的方式，就是使用轻型相机三脚架来代替灯架，在需要时，也可以用其中一只来当作应急三脚架。我的金钟 Ultra LUXi L 三脚架非常棒，折叠起来真的很小，而且伸出很长之后也不会失去稳定性。1/4 英寸的螺丝非常适用于安装一系列闪光灯和附件。永诺 RF-602 无线电引闪器和凯泽从属触发器（或者类似于第 56 页上提及的型号）可组成完整的一套引闪组合。

布 光

这张肖像的主光是安装在机顶上的佳能 Speedlite 430EX II TTL 闪光灯，并向侧面转动，

朝着固定在椅子上的反光板。反光板对面窗口进入的漫射光作为补光——利用第二块反光板或白墙也可以起到同样的效果。模特坐在蓝色隔断前面的椅子上，使用第二只背景效果闪光灯打亮蓝色隔断。也可以转动第二只闪光灯用作侧光或者照亮拍摄对象的头发。物美价廉的非 TTL 闪光灯完全可以胜任这部分的布光。

这种布光包括三招很酷的技巧。首先是触发背景闪光灯。永诺 YN-460 有自己的内置从属触发器，不预闪也可以使用，但它距离需要有效引

▼ 肖像布光示意图。机顶 TTL 闪光灯光经反光板反射，非 TTL 闪光灯强调光照亮背景。

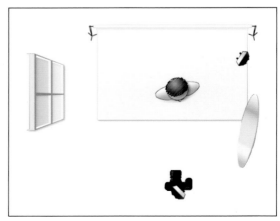

闪的主闪光灯太远。我的解决办法是使用引闪器
组合，该组合由一个从属触发器和 RF-602 无线
电引闪器组成，并使用胶带固定到反光板上，而
无线电接收器安装到强调光闪光灯上。

第二招是在 TTL 模式下使用机顶 TTL 闪光
灯来抑制预闪。预闪会将副闪光灯引闪得太早，
因此，无须切换到手动模式，否则在拍摄时就没
有了 TTL 功能。其解决办法是使用闪光曝光锁定
功能（FE 锁），将预闪与主闪光灯分离，为副闪
光灯（强调光闪光灯）留出充电时间。在佳能相
机上，可以通过按下 * 键来触发预闪，这个键在
相机背面靠近拇指抓握位置处。

第三招技巧是使用挡光板，防止闪光灯光直
接照射到拍摄对象。也可以使用束光筒、蜂巢，
或者，如果希望更经济、更简便的话，就使用一
块黑泡沫软片（由尼尔·凡·尼克尔克发明）。
如果没有这样的工具，就很难避免闪光灯的硬光
照射到拍摄对象。如果模特能够看到闪光灯正面
的任何部分，就意味着光线会直接到达拍摄对象。

▲ 拍摄这张照片时没有使用背景闪光，这是非常大的失误。模特
是需要和背景充分地分离开来的。此外，反光板的角度也不正确，
因此拍摄对象的右眼太暗，没有眼神光。

相机设置和拍摄

拍摄这张照片时，我使用的是佳能 24—
105mm 标准变焦镜头和全画幅相机。这只镜头
不太适合拍摄人像，但非常适于在狭小空间内拍

▼ 这套引闪器组合由一个从属装置和无线电引闪器组成，能够使
用 TTL 主闪光灯来可靠地引闪非 TTL 副闪光灯。

▲ 尼尔·凡·尼克尔克的黑泡沫软片在发挥作用。其实就是一块裁剪成形、使用橡皮筋固定的鼠标垫，但用起来效果很好。

在 Photoshop 中进行后期处理

　　对页的示例图像除经过裁剪之外，只是稍微进行了后期处理。如有必要，可以在 Photoshop 中使用"图像 > 调整 > 阴影 / 高光"工具来增加或减少补光。如果愿意的话，还可以添加晕影，以及增加对比度和自然饱和度。完成处理后，对图像进行锐化即可用于输出。

贴士、技巧及注意事项

　　我使用这种布光进行了大量的实际拍摄，因此这种方法现在很适合我。在最开始使用这个方法时需要注意以下问题：

摄上半身照。镜头的内置防抖系统很出色，我手持拍摄的快门速度可以低至 1/20 秒，但只有模特完全保持不动时才行。这样的话，我可以采用 ISO200，并加入更多的环境光作为补光。

　　布光时，如图所示定位闪光灯，将相机切换到手动模式，对背景进行测光。我通常使用中央重点测光。将曝光调整到大约 −1EV，或略微不到一些，对环境光进行测光。现在不使用闪光灯先试拍一次。

　　如果所拍的照片背景看起来正常，则再加上闪光灯。将闪光灯切换到 TTL 模式，将闪光曝光补偿增加至 0 到 +1/3EV 之间。使用不同的相机和面对不同拍摄对象时，这些参数值也有所不同。例如：使用佳能相机拍摄浅色皮肤的人时，设置到 +0.7EV FEC 的话，效果也会很好。

　　TTL 闪光灯可确保主体被正确照亮。这种布光相当简单，掌握起来也很快。

▲ 未经处理的照片。

▶ **预闪问题：** 如果作为强调光的闪光灯在引闪方面存在问题，可以尝试使用正常的从属触发器并取消预闪，而不使用闪光曝光锁。从属触发器一般有三类可供选择：

· 便宜但不能取消预闪（威摄和凯泽都是物有所值的品牌）

· 配置有专用预闪开关的中档闪光灯（也是威摄和凯泽品牌）

· 比较昂贵，但有不同的型号，包括多重预闪。例如，新霸数字从属装置（DSU-01）可用来引闪摄影工作室闪光灯，即便使用带有内置闪光灯但没有热靴的消费级相机也行。

▶ **反光板：** 我使用一块 42 英寸的反光板，可以折叠到 16 英寸。不要使用直径小于 32 英寸的反光板，因为这个尺寸的反光板的使用效果不够好。白色墙壁或活动白板也是不错的反光板，甚至还可以用白衬衫。

▶ **黑泡沫软片（BFT）：** 我的 BFT 是用鼠标垫做成的，撕去纤维布，然后剪成 6×7 英寸。我使用扎头发的橡皮筋将其绑到闪光灯上。这听起来好像是个玩具，但效果却很专业。没有它，我就不出家门。如果你发现自己没有 BFT，可以随时使用黑卡或黑纸，甚至也可以使用自己的手，或者将闪光灯头尽量向后倾。

▲ 经过裁剪和略微后期处理之后的最终图像。

第2讲
那种阳光明媚的感觉

如果你需要在一个沉闷阴霾的日子里进行一项优雅的外景拍摄，那就尽量去一家精品酒店租间房。如果你不使用太多的设备或者不会占用太多的空间，有些酒店甚至允许在大厅拍摄。德国法兰克福 The Pure 酒店很友好，让我能够做到这一点，在接下来的几页我们可以看到我的拍摄效果。我使用闪光灯并对白平衡稍加改变，就为所有照片创造出了阳光明媚的样子。本讲的拍摄表明了闪光灯的灯光不总是看起来又冷又硬。

我希望使用的装备越少越好，因此我可以尝试大量的布光，而无须每次都重建场景。我使用一个小巧的专用柔光箱，叫作闪光灯—柔光箱（flash2softbox），这是为了使用闪光灯而专门开发的。（注：这款产品在美国不再供货，但我可以推荐 Aurora 生产的 Firefly Beauty Box FBO50，我也经常使用）

我使用佳能 Speedlite 430EX II TTL 闪光灯，通过永诺的 33 英尺螺旋电缆连接到相机上。柔光箱手柄上带有 1/4 英寸螺丝，因此可以很方便地安装在三脚架上。

◀我的闪光灯—柔光箱系统，包括佳能 Speedlite 430EX II TTL 闪光灯、兼容佳能相机的永诺 TTL 螺旋电缆、闪光灯—柔光箱转接器，以及一个 16×16 英寸柔光箱。手柄上带有内置的 1/4 英寸螺丝，可以用来安装在三脚架或灯架上。

▶照片拍摄于德国法兰克福的 The Pure 酒店大堂，拍摄时把装有 TTL 闪光灯的柔光箱放置在拍摄对象的右侧。（模特：朱迪思）

佳能 EOS Rebel T1i｜50mm F1.4 镜头，光圈设置到 f/2｜M 模式｜1/50 秒｜ISO100｜RAW｜白平衡设置为自动模式｜TTL 佳能 Speedlite 430EX II 闪光灯，使用 33 英尺电缆连接到相机上｜使用 FE 锁定进行点测光

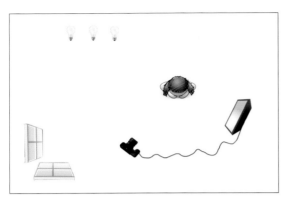

▲ 如布光示意图所示，漫射窗户光来自左侧，卤素灯光来自后方，电缆连接的柔光箱在右侧。

布 光

即使在沉闷的天气，The Pure 酒店大堂里美妙的卤素灯也会营造出一种令人愉悦的气氛，透过磨砂玻璃窗户，大堂内射入了充足、柔和的漫射光。

我想利用这两种类型的光线来拍照。我使用安装在较低灯架上的柔光箱，从右边给模特打光，我确信光线保持在她的眼线以上。在这种拍摄情况下，应该始终确保在模特眼睛里捕捉到漂亮的眼神光，还要避免不讨人喜欢的鼻子阴影（例如，从鼻子下方直到嘴唇的阴影）。

相机设置和拍摄

使用手动模式并调整设置，确保正确捕捉环境光。在拍摄时，我知道自己能够以 1/50 秒来手持相机拍摄图像，而且凭着经验，我知道相机在 ISO100 时不会产生什么噪点，甚至没有噪点。我感觉到 f/1.4 光圈有点太大，因此缩小到 f/2。

▼ 在增加闪光灯来照亮主体之前，开始先将相机设置到不使用闪光灯就能够正确拍摄到背景的曝光参数。浅色皮肤通常需要介于 0 到 +1.3EV FEC，但根据具体的相机和皮肤颜色，该参数值会有所不同。

这种情况下，我将相机设置得尽可能捕捉到更多的环境光。在较暗的情况下，可以提高感光度和延长曝光时间。这种技法就叫作"拖动快门"（dragging the shutter）。

在 TTL 自动模式下使用相机会产生不同的效果：相机会尝试正确曝光主体，但背景会太暗。

在为背景找到正确的设置后，TTL 闪光灯会处理其他一切因素，并针对拍摄主体自动设置曝光。必要时，进行一些试拍，微调闪光灯曝光补偿设置。

测试曝光很重要。我通常在点测光和中央重点测光之间切换，很少用其他模式。拍摄这张照片时，我使用了闪光灯点测光，佳能叫作闪光曝光锁定，尼康则是闪光值锁定。这一技法涉及在最后确定构图之前，针对场景中的特定点进行测光，可将测光值保存在相机内存中。在佳能单反相机后面板上，按下 * 键进行测光并保存闪光曝光值。

如果你非常了解自己的相机，能够在通过取景器观察时进行控制，则可以使用相机的内置测光表（通常在取景框底部以数值刻度来指示），以此帮助你为背景找到正确的设置。这样可以减少试拍次数，节省时间。

▲ 闪光灯－柔光箱系统结合永诺和其他第三方闪光灯使用，但我需要制作我自己的小支架转接器来安装我的永诺闪光灯／无线电接收器组合。

贴士、技巧及注意事项

▶ 一直有人问我是否使用了彩色滤光片来拍摄这些照片。答案很简单：没有。相机的自动白平衡会产生温暖的情调，无须我的任何干涉。必要时，我会在 RAW 转换器中通过几乎无损的转换方式来调整白平衡。我不经常使用自动白平衡。我通常将白平衡设置为日光或闪光灯模式，确保整个拍摄过程中色彩保持一致。这种方法也使得批处理更加简单。

▶ 进行快速布光时，柔光伞或反光伞是更简便的柔光箱替代品，但柔光伞会在其后面产生不需要的散光，反光伞的光更难以精确对准主体。我喜欢反光伞产生的光效，但其缺点是伞柄碍事。

▶ 非 TTL 闪光灯时也可以采用这种布光，但必须手动进行所有设置。此外，为了让我的永诺闪光灯／无线电接收器组合与闪光灯—柔光箱系统协调工作，我得制作我自己的小铝合金支架来进行固定。

第3讲
使用闪光灯实现图案投影

▶ 制作自己的图案投影机
▶ 如何在摄影工作室中创造出投影背景

商场有时使用图案样板将广告投射到平整表面上。图案投影机就像一台幻灯机，但不是投影照片幻灯片，图案投影机使用一般由金属或刻花玻璃制成的图案（很像一个镂花模板）来投影图案。这种投影具有更高的对比度，并且材料比幻灯片更耐热。图案投影机通常比幻灯机简单得多，因为在拍摄期间更换图案时不需要复杂结构。图案投影机通常使用卤素光源，但在本讲中，我们使用闪光灯在摄影工作室中投射出有趣的背景。请

注意，在剧院和活动管理情况下，图案片（gobo）这一术语是指带有图案的幻灯片，但在摄影工作室中是指放置在闪光灯前面、有选择性地阻止闪光灯光的挡光片。在两种情况下，图案样板均放置在光源和场景之间，这可以是投影机镜头或拍摄主体。我使用挡光板或挡光片术语来指后者。

布　光

有很多方法可以使用闪光灯来投射图案。最简单（也是最昂贵）的方法就是装备摄影工作室闪光灯头再配上定制图案投影机，例如威摄或里希特（Richter）都有这类装备。也可以租借一台图案投影机，使用闪光灯代替卤素光源，这会便宜一些。另一种简单而又经济的方法是使用一台旧的模拟式单反相机，在机身装上镜头。如左图所示，在改制的单反相机中，以图案样板代替胶片，将闪光灯安装在相机的背面，自制的支架还可以当作三脚架安装座使用。图案样板如果太大，

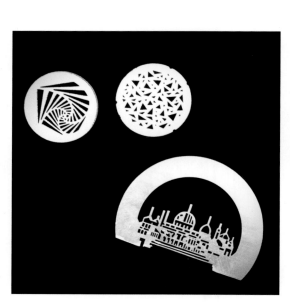

▲ 一套27mm和53.3mm的金属图案样板。

▶ 图案投影机可用来制造出神奇的摄影工作室的背景。（模特：玛斯，摄影工作室由我的合作摄影师雷·舍贝格提供）

佳能 EOS 5D Mark II ｜ EF 85mm F1.8 镜头，光圈设置到 f/2.5 ｜ M 模式 ｜ 1/100 秒 ｜ ISO100 ｜ RAW ｜ 白平衡设置为闪光灯模式

i'm blue
da ba dee
da ba die

Eiffel 65, 1998

▲ 自制图案投影机。闪光灯和无线电引闪器安装在铝合金支架上，图案样板（景观图案轮廓）代替胶片。

自制图案投影机

坏的单反机身	易趣网上卖 20 美元
老款 35—70mm 单反变焦镜头	易趣网上卖 25 美元
佳能 Speedlite 430EX II 闪光灯（已经自有）	0 美元
两个三脚架金属滚花螺丝，带有 1/4 英寸内螺纹和外螺纹	5 美元
铝合金板条（做支架用），在家居用品商店购买的	5 美元
Rosco 图案样板（www.ros-co.com）	10 美元

可以裁切至合适尺寸；如果太小，可以将其安装在铝箔或卡片纸板上。我用钢丝钳拆下单反相机上的快门，然后用胶带将图案样板固定到位。

使用老虎钳将铝合金支架弯制成形，再钻出安装孔。我将投影机安装到曼富图 MA026 灯伞转接器上，因此可以竖向或横向使用。我使用的部件详见附表。

相机设置和拍摄

在此布光设置中，由于使用单反相机的光路作为投影机，而且图案样板位于胶片平面上，因此保证了清晰的投影图像，而且使用镜头的变焦范围可以进行变焦和聚焦，如同拍照时的操作一样。光圈也可以调节，但你可能会保持在最大光圈设置上。

为了最优化光线输出，将闪光灯设至 1/2 或全功率输出。将反光板设定到广角设置，然后将其定位到尽可能靠近图案样板。如果使用的图案样板是幻灯片或是由塑料或其他彩色滤光片制成的，要确保闪光灯不会使其融化。最好将滤光片安装在图

▶ 摄影工作室中的完整布光。图案投影机对准灰色背景，两个窄柔光箱形成交叉的灯光布置，以此照亮模特。

▲ 正在使用中的图案投影机。

在 Photoshop 中进行后期处理

　　我不需要在最终图像中进行太大变动，只是在 Photoshop 中进行常规的拉直、裁剪、色彩和对比度调整及锐化，也可以在 Elements、Lightroom 或 Adobe Camera Raw 中执行相同的操作。

贴士、技巧及注意事项

　　如果你对本讲产生兴趣，可以在互联网上搜索"DIY 图案投影机"（DIY gobo projector）或者"自制图案投影机"（homemade gobo projector）。互联网是各种自制项目灵感的重要来源。

▲ 抽象图案样板背景图案示例。（模特：玛斯；摄影工作室由我的合作摄影师雷·舍贝格提供）

案样板和相机之间，或者使用滤光片遮盖在投影机镜头上。在此布光设置中，闪光灯连接到 RF-602 无线电引闪器，当然，使用连接电缆或从属触发装置也很好。如果你的闪光灯具有造型闪光功能，可以用来帮助变焦和聚焦。造型闪光向人眼发出一连串的弱闪光，像连续光一样。我们使用的佳能 Speedlite 430EX II 闪光灯，可以将造型闪光指定到测试按钮。

　　这种图案投影机很有效，但光线不够强，所以可能需要将摄影工作室闪光灯略微调暗一些并提高感光度。所附示意图是可能的布光设置和效果。图案样板价格差别很大，在购买前应多加比较。

第4讲
明媚阳光中的大光圈风采

▶ 如何超越物理学限制，在没有 ND 滤镜的情况下，使用标准摄影工作室闪光以 1/8000 秒拍摄
▶ 外景和摄影工作室内伪高速同步和后帘同步

由于同步速度的限制，在明媚阳光下使用闪光灯拍摄变成了一件很棘手的工作。请记住一点，在高于 1/200 秒速度的曝光过程中，常规单反相机的快门在任何时间点都不会完全打开，并且是通过一条光带移动通过传感器表面来完成曝光的（参见第 25 页）。在这种情况下使用闪光灯，会在照片边缘产生一道暗条，或者造成全黑的照片。在本讲中标准使用闪光灯的情况下，快门速度为 1/640 秒以上时，照片会全黑。

如果你的闪光灯有足够长的持续时间，有个好办法可以解决这个问题，那就是使用它作为一种假连续光源。这种方法需要有一点技巧，就是要确保在快门打开之前触发闪光灯，这是一项常规触发闪光灯无法实现的技术前提。标准的解决办法是使用高速同步（HSS），但存在失去两挡的缺点。本讲中向你介绍另外一种方法，同样可以达到类似的效果，而且没有使用超级同步 / 伪高速同步时的缺点。

▲ 具有 HSS 功能的闪光灯安装在相机上。从属触发器和无线电发射器组合固定在闪光灯上。由它引闪装有雷达罩的摄影工作室闪光灯。

▶ 我们采用超级同
步拍摄时拍摄到的照
片。（模特：尼丽塔）

佳能 EOS 5D Mark II
| 70－200mm F2.8L IS
II 镜头，设定至 200mm
和 f/4.0 |M 模 式 |
1/500 秒 | ISO160 |
RAW

布 光

以下内容以佳能相机为例，介绍一种相当经济的办法来使用伪高速同步。以下步骤也适合使用尼康和其他厂商闪光灯进行布光。

▲ 拍摄期间布光实景图。（模特：多米尼克，合作摄影师：尼柯/NN—Foto）

► 我使用装有佳能 Speedlite 580EX II 的佳能 EOS 5D Mark II，像 Speedlite 270EX II 这类具有 HSS 功能的经济型闪光灯也可以使用。将闪光灯设置为 HSS 模式和低输出，然后将其朝上。我还选择了手动模式，防止预闪。

► 我将闪光灯安装在索尼娅（Sonia）从属触发器装置上，这款触发器我是在易趣网上从 colinsfoto 处购买的（一定要买绿色的），但也有其他一样好的品牌。我使用从属触发器来触发永诺 RF-602 无线电发射器，而不是引闪第二闪光灯。我使用胶带将这组小巧的触发器组合固定在闪光灯前面。

► 我使用一套相当便宜的 400 Ws 威摄牌摄影工作室闪光灯 / 雷达罩，由 Walimex Pro Power Station 提供电源，通过 RF-602 无线电接收器引闪。

相机设置和拍摄

当一切设置完毕后，拍摄这件事儿本身就很容易了。通常你会这样进行拍摄布光：让太阳在模特的身后，像轮廓光一样，强调她的轮廓和头发的光泽。将相机切换到手动模式，选择 ISO50 或 100，然后设置光圈和曝光时间，在不使用闪光灯的情况下拍摄周围的景象（这可能会导致轻微的曝光不足）。

现在身后风景的光线正好，但模特的曝光欠曝 1 或 2 挡。进行一些试拍，检查闪光灯的输出和距离，使用直方图，查看闪烁警告区域，然后仔细检查自己的设置。曝光不足的周围景象加上主体的闪光，这种组合形成了一种特殊的观感。如果你想加强这种效果，将天空的颜色从亮蓝色转变为深蓝色，效果就会类似于电影中流行的"美国之夜"那种感觉（参见第 9 讲）。

在 Photoshop 中进行后期处理

在导入 RAW 文件时，我使用标准的白平衡、色彩和对比度设置，在 Photoshop 中进行最后一轮锐化之前，只是略微做一点儿美容修饰。

其他方法

在互联网上搜索"压住阳光"（overpowering the sun）就会查阅到各种有关闪光灯摄影最新趋势的信息。用来抵消慢速焦平面快门效果的方法有很多种：

▶ 最常用的方法是使用 ND 滤镜来缩短曝光时间，在明亮的阳光下使用大光圈拍摄（参见第 6 讲和第 266 页上的曝光值计算示例）。但是，非常暗的 ND 滤镜会降低图像的整体品质，并可能导致自动对焦失败。

▶ 使用支持更快同步速度的相机，或者使用单叶片或数字快门的相机。像佳能 PowerShot G10 这类便携型相机带有内置的热靴，使用闪

◀ 开始先设置不使用闪光灯时适合于环境光的曝光。这张照片中，太阳在模特的身后，产生的曝光不足被闪光灯抵消。这两张图像都是相机直出。

光灯时，能够以高达 1/4000 秒的速度进行拍摄。大家可以访问我的博客，查看这种类型的拍摄样片：http://fotopraxis.net/2011/10/20/workshop-american-night/。我拍摄时使用的是 G10 相机（请注意，这是个德文博客，但通过观看照片一样会受到一些启发）。

▶ 在本讲中，我使用闪光灯上的 HSS 模式来避开正常同步速度的限制，用摄影工作室闪光灯来营造灯光效果。当然，在类似的这种情况下，你也可以使用机顶闪光灯照亮主体，但请记住一点，使用 HSS 会导致光线输出至少降低 2 挡。对于这种类型的情况，还有另外一种流行的技巧，就是使用整组光（gang light）。尽管在 HSS 模式下光输出很低，但可以使用一整组闪光灯（例如，使用普威引闪器）来提供足够的光线。这种方法的缺点是成本太高。有关其他信息和 HSS 曝光计算示例，参见第 274 页"在 HSS 模式下闪光曝光的计算"一节。

贴士、技巧及注意事项

▶ 超级同步技巧（又称伪高速同步）即使在使用 1/8000 秒这种极短的曝光时间时也会获得很好的效果。但请记住，闪光灯现在的工作类似于连续光源。这在非常快的曝光时间时会导致非常低的光输出。

▶ 我们在本讲中所使用的引闪技术在摄影工作室情况下也非常有用。例如，如果在摄影工作室中需要后帘同步，则按照本讲中的说明，只需在相机上安装一只 TTL 闪光灯，将其切换到手动模式，然后使用后帘同步引闪摄影工作室闪光灯。在近距离时，可以使用机顶闪光灯直接引闪摄影工作室闪光灯，不需要另外的无线电引闪器。

▶ 我使用过光学从属触发器，成败各半。有时会工

作得很好，有时会出现问题。从属触发器的一大优点就是便宜，因此可以多购买一些不同厂家的产品，试一试哪个效果最好。

▶ 尽管我们使用的是威摄摄影工作室闪光灯，但像 Hensel Porty 的便携式设备也一样好。最重要的特点就是比较长的闪光时间，需要 400 至 1200 Ws 这么高的闪光功率。

▶ 我们可以不使用摄影工作室闪光灯，而是结合第二只附属闪光灯来应用这一技术，当然，这只闪光灯的功率得足够强，并设置为全功率输出。在我的实验中，经常会出现在画面内产生细黑条的情况，这是由于附属闪光灯输出功率不足，再加上曝光时间很短的原因所致。

▶ 如果你也遇上这个技术问题，应确保关闭引闪闪光灯中的预闪，如果有防红眼辅助灯，也将其关闭。也可以尝试使用其他引闪器，或使用 TTL 闪光灯连接电缆线来代替无线电引闪器。你很快就会发现到底是哪一部分有问题了。

第 55 页上的照片也是在超级同步拍摄期间拍摄的。太阳已经相当低，因此不会像早些时候那么明亮。这张照片的拍摄速度是 1/500 秒，如果我们没有使用超级同步 / 伪高速同步技巧，主体人物就会被淹没在近乎全黑之中。

◀ 在一个阳光明媚的下午使用闪光灯拍摄，采用一两个巧妙的办法才能使用大光圈。（模特：多米尼克）

佳能EOS 5D Mark II ｜ 70—200mm镜头，设定至145mm和 f/3.2 ｜ M模式 ｜ 1/640 秒 ｜ ISO100 ｜ RAW

第5讲
五灯齐闪，营造超亮光线（案例1）

> ▶ 如何使用多只小闪光灯来产生大量的光
> ▶ 同时使用五只闪光灯
> ▶ 在正午阳光下使用闪光灯拍摄

在正午阳光下拍摄通常不是一个好主意。光线来自正上方，会使拍摄对象的眼睛黯淡无光，还会使拍摄对象产生又短又丑的阴影。太阳低矮时更适于逆光拍摄。中午时，环境光通常还很明亮，这时可以在遮阴处使用闪光灯拍摄。

闪光灯通常会限制可以使用的曝光时间，而且往往会限制到1/200或1/250秒的快门速度（参阅第4讲中有关如何解决这种限制的贴士）。在这种情况下，经常只有使用小光圈或ND滤镜才能使环境光正确曝光，而本身需要大量的闪光功率来充分照亮主体。单独一只机顶闪光灯很少会有足够强大的功率，如果你的资金不允许购买便携式摄影工作室闪光灯，多只外置闪光灯则是最好的选择。这种方法的优缺点如下：

优 点

> ▶ 如果你已经有了很多闪光灯，再购买几只非TTL闪光灯不会使你捉襟见肘。
> ▶ 这些装备便于携带，易于扩展，出行时不会占用太多空间。
> ▶ 如果你能另外买上几只TTL闪光灯，你的布光

也能实现HSS的效果。

> ▶ 多只闪光灯设置为低输出比单只设置为高输出的闪光灯的速度要快得多，更容易定格高速动态，例如飞溅的水花。

缺 点

> ▶ 五只闪光灯的布光可产生高达300Ws的闪光输出。电池供电的摄影工作室闪光灯常常具有多达4倍的输出，会让主体周围环境进一步曝光不足，令天空和周围环境看起来更富有戏剧性。
> ▶ 如果使用专业级别的便携式闪光灯解决方案，回电时间会更长。
> ▶ 外置闪光灯并没有专门设计用于这类用途。长时间拍摄可能导致过热和闪光灯失灵，当然，通常情况下，最终是会恢复正常的。
> ▶ 电池容量很小或过热保护都无法保证长时间拍摄。
> ▶ 如果你想使用具有HSS效果的复杂布光，费用就会迅速增加。

但是你也看到了，我喜欢使用这种布光，不只是因为上述的优点，而仅仅因为这很酷！

▲ 在正午阳光下拍摄闪光灯人像不那么容易，但也不是不可能的。（模特：索尔尼什科）

佳能 EOS 5D Mark II ┃ 24—105mm F4 镜头，设定至 f/10 和 28mm ┃ M 模式 ┃ 1/125 秒 ┃ ISO100 ┃ JPEG ┃ 白平衡设为闪光灯模式 ┃ 五只离机闪光灯，透过白色柔光伞同时引闪

布 光

右图所示是五灯组合式布光的第一个模板，使用了五只不同厂家的非 TTL 闪光灯，透过白色柔光伞引闪。上面三只闪光灯固定在 Lastolite TriFlash 灯架上，另外两只固定在自制的灯架上，该灯架上还有威摄通用热靴、路华仕 19P 球头和曼富图 Nano Clamp 夹具。为确保不会松动，我在固定螺丝上使用了乐泰（Loctite）螺纹锁固胶。然后我将完整的闪光灯头安装在常规灯架上，而且使用约 3.8 升的水壶对灯架进行配重。柔光伞大约阻隔掉 2 挡的光，但会使阴影的边缘变得柔和，并将来自闪光灯的五个独立的阴影合并为一个。使用这种类型布光时，可以不使用柔光伞，但个别的阴影在图像中会变得更加清晰可见。所

▲ 五灯组合布光用法之一。五只闪光灯透过柔光伞同时引闪。

有五只闪光灯使用 RF-602 无线电引闪器以手动模式引闪。你也可以一只使用无线电遥控、其他的使用光学信号来引闪，但这种方法不那么可靠。

相机设置和拍摄

对页上方的照片顺序显示出我们是如何构建场景来拍摄最终图像的。我开始先以自动模式试拍了几张周围环境，查看最有趣的细节和视角。然后切换到手动模式，将相机设置到对环境光正确曝光，同时还将大约 1/160 秒的相机同步速度考虑在内（不同相机的同步速度有所不同）。在我确定了使背景和天空看起来正确的曝光设置后，我将闪光灯引闪器加入布光设置。柔光伞的最佳位置就是伞柄从上方直接朝着拍摄对象的鼻部，避免鼻部出现不讨人喜欢的阴影。然后，我将相机与光源呈大约 30° 进行定位，这样的话，即使拍摄对象直视相机，灯光效果也会好看（产生环形布光效果）。在这种情况下，你需要将灯光的位置尽可能靠近拍摄对象，同时提供足够的光线来照亮模特的整个上身。闪光灯输出需设置为最大值（或几乎最大值）才有效。

▲ 将模特安排在遮阴处，但正午阳光还是非常明亮。（合作摄影师：米歇尔）

▲ ① 检查有趣细节和角度位置；② 不使用闪光灯、以手动模式、针对周围环境设置曝光时间；③ 添加由五只闪光灯组成的布光组合，闪光灯设定至高输出（几乎全功率）。这是原始未经处理的照片。

在 Photoshop 中进行后期处理

我执行的后期处理步骤相当简单：

▶ 对齐、裁剪、使用仿制图章修复缺失的区域。

▶ 优化皮肤色调。

▶ 暖化整体颜色。

▶ 使用海绵工具增加阴影和模特服饰的饱和度。

▶ 应用一些轻微的减淡和加深处理。

▶ 锐化图像。

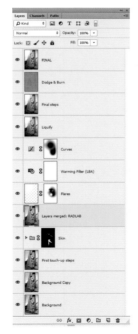

▶Photoshop 图层堆栈截图显示出我执行的后期处理操作步骤。

贴士、技巧及注意事项

这种方法可以扩展为容纳更多的闪光灯。FourSquare 闪光灯支架（www.lightwaredirect.com）是非常棒的装备，能够以 45°安装到第二个装置上，因此你可以创造出适合于八只闪光灯的稳定灯架！这些支架并不便宜，但稳若磐石。请查看戴夫·布莱克（Dave Black）在冲浪摄影中是如何使用的：www.tiny.cc/eu6wlw。

在你使用具有内置 HSS 模式的 TTL 装置时，使用多只闪光灯会变得更加有趣。多闪光灯布光通常称为组光（gang light），可以结合闪卓博识（strobist）这个术语上网搜索，很快就会发现一些使用的绝佳示例。在多闪光灯布光中，你不必为所有的闪光灯使用昂贵的普威引闪器，而完全可以使用 TTL 连接线单独引闪一只主灯，使用简便的光学从属单元来引闪其他闪光灯。

第6讲
五灯齐闪，营造超亮光线（案例2）

> ► 如何使用小闪光灯产生大量的光
> ► 同时使用五只闪光灯
> ► 在正午阳光下使用 ND 滤镜以大光圈拍摄

前一讲中讲述了如何同时使用五只闪光灯，但你可能想要更浅的景深、更多的背景虚化。现场布光要求在整个画面保持清晰锐利的小光圈。使用 ND 滤镜是一种有效方式，能够以更大的光圈、更浅的景深在白天拍摄中尽情发挥。

中灰密度滤镜

ND 滤镜减少入射光的强度，并有助于以高于相机同步速度的速度使用大光圈。ND 滤镜标号如附表所示。

密度	曝光时间增加系数	EV
0.3×	ND2	−1
0.6×	ND4	−2
0.9×	ND8	−3
1.2×	ND16	−4
1.5×	ND32	−5
1.8×	ND64	−6
2.1×	ND128	−7
2.4×	ND256	−8
2.7×	ND512	−9
3.0×	ND1024	−10

▲ND 滤镜标号方式。

▲ 一套 ND 滤镜。

► 在正午阳光下，拍摄到背景虚化、闪光灯打光的人像——ND 滤镜使这种拍摄成为可能。(模特: 索尔尼什科)

布　光

我们设置了第 65 页照片中所示的场景，使用相当大的光圈拍摄后，出现了既可见又模糊的有趣背景。

相机设置和拍摄

拍摄这张照片时，我换了一只较短的 EF 85mm F1.8 中长焦镜头，光圈设在 f/2.5。然后我需要弄清楚使用哪种 ND 滤镜；之前的光圈设置为 f/14，而新光圈是 f/2.5，如果使用最近的整挡，则涵盖了 5 挡（f/2.8、f/4、f/5.6、f/8、f/11、f/16）。也就是说，需要使用 ND32 滤镜（参见第 64 页表格）。ND64 滤镜也能使用较大的光圈。我以 RAW 格式拍摄这张照片，目的是使其更容易校正曝光并调整滤镜所造成的轻微偏色，而不会丢失数据。

在 Photoshop 中进行后期处理

除了上一讲中说明的步骤之外，我还用色相 / 饱和度调整图层来纠正 ND 滤镜产生的轻微偏色。

贴士、技巧及注意事项

当你使用 ND 滤镜时，需要牢记以下提示：

► ND 滤镜的生产厂家很多，价格也五花八门。我发现，ND 滤镜产生的偏色几乎直接与价格相对等。如果你想要得到真实的拍摄效果，请购买信誉良好的厂家出品的滤镜，例如 B+W 或保谷，但它们的价格会贵一些。

► 当你需要堆叠 ND 滤镜来达到正确强度时要格外小心。因为我找不到自己的 ND32 滤镜，为了这次拍摄才迫不得已这么做的。每增加一层

镜片，图像品质和色彩还原度都会降低。不是所有的 ND 滤镜都能够堆叠，例如：保谷的超薄滤镜就不行。

► 与其他类型的滤镜一样，ND 滤镜也有多种规格可供选择。我的都是 77mm。如果我使用的镜头较小，我就在镜头前面手持滤镜。

► 也有可变强度的 ND 滤镜。我发现，太过于便宜的滤镜有损图像品质，而像辛格瑞（Singh-Ray）这类厂家出品的高端滤镜也确实奇贵无比。少花一点点钱，购买一整套单强度的滤镜，和最贵的可变滤镜一样好，甚至更好。

► 不要将偏振镜、紫外线（UV）滤镜和天光镜组合使用。为你每一只镜头配一个高品质的遮光罩是一项很值得的投入。而且还可以保护镜头的前组镜片，提高图像品质。

▼ 我们的布光全貌。

◄① 这是以广角镜头但未使用闪光灯或 ND 滤镜拍摄后的实际场景。

◄② 以相同的广角使用闪光灯进行的拍摄，曝光减少，以适应环境光。

佳能 EOS 5D Mark II ｜ 24—105mm F4 镜头，设定至 f/14 和 24mm ｜ M 模式 ｜ 1/160 秒 ｜ ISO100 ｜ JPEG ｜ 白平衡设为闪光灯模式 ｜ 五只离机闪光灯，透过白色柔光伞引闪

第7讲
彩色光斑，让画面动起来

▶ 使用滤光片产生彩色强调效果
▶ 如何搭配颜色

在第72页上"彩色滤光片的光谱和使用技巧"教程中，将介绍如何使用滤光片以及如何更改白平衡设置，以改变色温或对图像背景人为着色，而且滤光片也可用于更多艺术目的。我有两套滤光片：一套是正规的，例如 CTO 和绿色，用于进行选择性的色彩偏移（进行仔细分类和标签）；另一套是趣味性滤光片，其中包括随机组合的鲜艳色彩，有黄色、粉红色、绿色、紫色，以及在 LEE 牌样册中能够找到的所有其他颜色，越鲜艳越好。只要场景显得过于平淡，我就可以使用一个或两个滤光片使其绚丽起来。

我通常不会将彩色滤光片用于主灯上，但它们非常适合用于侧灯和背景强调灯。窗户或水洼这类反光表面能够完美地放大滤光片的效果，创造出绚丽多彩的反射效果。

布　光

拍摄这张照片时，我使用了四只离机的 YN-460 非 TTL、非变焦闪光灯，没有额外的灯效附件。两只背景闪光灯分别装有彩色滤光片，一只直对着相机，另一只朝着右侧上的窗户，来自这些强调光闪光灯的光线被地面和窗户反射并强化。我使用另外两只闪光灯作为模特的轮廓光和主光，在所有四

▲ 图中四只未装灯效附件的离机闪光灯中，两只装有彩色滤光片。

▶ 装有彩色滤光片的强
调光闪光灯能将乏味在
太普通的图像增加真正
的闪光点。（模特：索
尔尼什科）

佳能 EOS 5D Mark II｜EF
70—200mm F2.8 镜头，设
定至 f/3.2 和 90mm｜M 模
式｜1/160 秒｜ISO100｜
RAW ｜白平衡设为闪光灯
模式 ｜四只离机闪光灯，
其中两只装有彩色滤光片，
没有使用光效附件

只闪光灯上都使用了 RF-602 无线电接收器。

　　所使用的绿松石和黄色滤光片在色环上大约间隔 120°（互补色是 180°的间隔）。在这种情况下，选择是随机的，但就个人而言，我发现间隔 120°的颜色往往搭配得很棒。

相机设置和拍摄

　　环境光相当平淡，所以闪光灯从一开始就真正有效。这时，最好先使用手动模式对背景和天空的细节正确曝光，不使用已安装的闪光灯引闪器。这样的设置会使主体曝光不足，但这是闪光灯要做的事情。先设置主光，然后是轮廓光，最后是强调光。从 1/8 输出开始试拍，然后慢慢增加到正确设置。因为闪光灯相距较远，彩色背景闪光灯需要更高一些的功率（请回顾本书第一部分中的平方反比定律）。我们将在第 72 页的教程中讨论如何将滤光片固定在闪光灯上。

在 Photoshop 中进行后期处理

　　与通常一样，最初的后期处理步骤包括修正倾斜的地平线，然后选择稍微严格一些的裁剪，接下来调整对比度和颜色，最后做一些微妙的美容修饰，优化拍摄对象的皮肤色调。你随时可以添加一个标识或诸如"时尚"（Fashion）这类文字，然后进行最终的输出锐化。

贴士、技巧及注意事项

　　我们采用的颜色搭配方式就是开辟一切全新的可能性，这里介绍的示例仅是无数变化中的两种方式。这两种方式的布光基本类似，但我们使用了不同颜色的滤光片。拍摄本页上的照片时，我们使用了 50mm Lensbaby Composer 镜头，加装上 Double Glass Optic 附件。

▲ 这张照片显示出主光的布光。（模特：索尔尼什科，合作摄影师：雷·舍贝格）

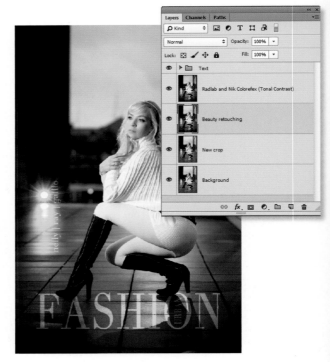

▲ 经过处理的完成后图像，以及相应的图层堆栈。

我承认这张照片拍得有点过于夸张了,但至少不令人厌烦!(模特:索尔尼什科)

佳能 EOS 5D Mark II │ Lensbaby 50mm 镜头,设定至 f/4 │ M模式 │ 1/200 秒 │ ISO400 │ RAW │ 白平衡设为闪光灯模式

深度学习：
彩色滤光片的光谱和使用技巧

如果你在荧光灯下拍摄过就会发现，尽管已经进行了相应的白平衡设置（在相机中或在 RAW 导入时），但照片还是看起来不自然。人眼在感知皮肤色调和食物的颜色时特别敏感，即使最微小的差别也会注意到。荧光灯有许多形状、尺寸和各种色温，所产生的光谱通常有中断（LED 光源的光谱也有相同的特性）。

白平衡 | 使用白卡、立方蜘蛛（SpyderCUBE）白平衡校准工具或其他一些工具来设置白平衡，有时效果非常好，但在荧光灯情况下常常不灵。荧光灯产生的光谱是由几个孤立的绿色和紫色波峰组成的，与日光提供的连续光谱极为不同。

像 DC Pro 指标这类校准图表能够帮助解决问题，但如果在混合光源下进行拍摄，自动白平衡（AWB）通常是不错的选择——相机通常会选择一个接近预期效果的设置。如果以 RAW 格式拍摄，可以稍后调整白平衡，而不会损失图像品质。对照曝光表读数来检查调整，就可以看到改变白平衡是如何降低图像品质的——曝光相差可能高达 ±1EV。在复杂光线情况时拍摄，应尽可能使用 RAW 格式。在后期处理阶段，要想成功调整 JPEG 格式图像的白平衡几乎是不可能的。

▼ 从左到右：这些图表显示出日光、氙气闪光灯、常规灯泡和荧光灯（氖灯）所产生可见光谱的相对强度。图表资料来源：www.tiny.cc/p18wlw。

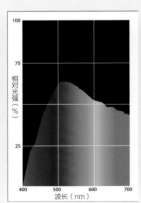 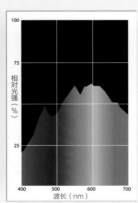 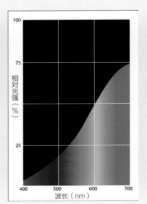 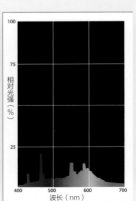

滤光片 | 尽管彩色滤光片现在是由塑料制成的，但在过去常常是由明胶制成的，因此也会称为凝胶片（gel）。滤光片在闪光摄影中是不可或缺的，最经常用于配合环境光和人造光的色温。我始终是在一个小包里散放着效果滤光片，而在另外一个单独的小包里存放特殊的白平衡滤光片，例如 LEE 204 CTO 和 LEE 244 Plus Green 绿色色片，并且仔细贴上标签。

橙色滤光片非常适合于闪光灯、钨丝灯或卤素灯的组合。这些滤光片称为 1/4、1/2、3/4 或 1/1（全）橙色 CTO 色片（英文全称为 Color Temperature Orange，简称 CTO）。还有一种淡黄色 CTS 色片（英文全称为 Color Temperature Straw，简称 CTS），这种滤光片是黄色的，可以营造出阳光明媚的效果。附表中列出了最常用的滤光片，以及相对于日光（6500K）的差异。

荧光灯（氖灯）的光线更难于应对。有些摄影师建议在闪光灯上使用 LEE 244 Plus Green 绿色色片（或类似的）作为滤光片，并将白平衡设置为荧光灯模式。这种方法倒是可行，但在荧光灯环境中拍摄时总是不尽人意，应当尽可能避免。

如果不使用滤光片来改变背景光的颜色，则可以尝试其他方法，如使用滤光片来改变主闪光灯的颜色，之后在相机或在计算机上对主体和背景的颜

颜色	LEE 牌滤光片型号	色温转换
1/8 CTO	LEE 223	6500 转为 5550K
1/4 CTO	LEE 206	6500 转为 4600K
1/2 CTO	LEE 205	6500 转为 3800K
3/4 CTO	LEE 285	6500 转为 3600K
1/1 CTO（全）	LEE 204	6500 转为 3200K
1/8 CTS	LEE 444	6500 转为 5700K
1/4 CTS	LEE 443	6500 转为 5100K
1/2 CTS	LEE 442	6500 转为 4300K
1/1 CTS（全）	LEE 441	6500 转为 3200K

▲ 常用 LEE 牌滤光片套装的指定值。

▲ 将彩色滤光片固定到闪光灯上有一种最简单的方法，就是使用自制的塑料薄片，我能够插入闪光灯头柔光片槽中的备用滤光片，然后裁下一块。滤光片保持原样，不必使用胶带或尼龙搭扣。

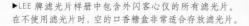

▶LEE 牌滤光片样册中包含外闪客心仪的所有滤光片。在不使用滤光片时，空的口香糖盒非常适合存放滤光片。

色进行偏移。这样就不必使用背景闪光灯，并且能够产生更好的整体效果。实现这种灯光效果有两种方法。

基于已知色温的色彩偏移 | 如果你使用的是全 CTO 滤光片，而且事先知道闪光灯会产生与传统钨丝灯色温相同的光，则可以将白平衡设为钨丝灯模式。

基于未知色温的色彩偏移 | 如果不能确定滤光片所产生的色温偏移，需要相应校准你的相机。校准相机时，将滤光片放置在镜头前面，拍摄一张白色或灰色表面的测试图像，然后使用刚才的读取结果来手动设置白平衡。这就是自定义白平衡（Custom WB，佳能）或手动预设白平衡（PRE，尼康）。

可以使用同样的方法和蓝色滤光片将背景变为红色。还可以在闪光灯上加一个滤光片，拍摄一张白色或灰色表面的闪光灯照片，找到合适的白平衡设置。加里·方（Gary Fong）在他的 YouTube 视频里详细说明了这一过程：www.tiny.cc/128wlw。LEE 牌滤光片的完整列表和所产生的效果，以及 LEE Swatchball 滤光片比较程序的下载版本，可访问：www.leefilters.com/lighting/colour-list.html。

当使用彩色滤光片和闪光灯时，相机的手动白平衡设置会为你打开具有无限可能的全新创意世界。

▲ 闪光灯上的全 CTO 滤光片加上一只闪光灯或日光模式白平衡设置，产生了橙色的皮肤色调和正常感觉的背景。

▲ 闪光灯上的全 CTO LEE 204 滤光片和相机内钨丝灯模式白平衡设置，产生了自然的皮肤色调和人为着色的蓝色背景。拍摄这张照片时，在右边布置了另外一只加装紫色滤光片的闪光灯。

▲ 当使用彩色滤光片和闪光灯时，相机的手动白平衡设置会为你打开具有无限可能的全新创意世界。

▲ 伊芙琳，我最有耐心的模特，在白色背景前面拍摄。左：使用CTO色片和蓝色滤光片，叠加安装在闪光灯上。右：在闪光灯上装有橙色和紫色滤光片，按照正文所述手动设置白平衡。

▼ 这种效果使用了彩色滤光片技巧，再加上在Photoshop CS6中使用"调整图层和颜色查找＞傍晚落日（Late Sunset）"，进行一些细微的修饰和色彩偏移。（模特：LondonQueen）

佳能EOS 5D Mark II ｜ EF 24—105mm F4.0L镜头，设定至50mm和f/4 ｜ M模式 ｜ 1/125秒 ｜ ISO400 ｜ RAW ｜ 离机闪光灯加CTO滤光片，从正面透过柔光伞引闪，以及在后面（右侧）使用加装紫色滤光片的闪光灯，白平衡设为钨丝灯模式

第8讲
使用橙色滤光片营造火光效果

▶ 使用橙色滤光片让场景置于火光之中
▶ 如何创建烟雾效果

如果是在傍晚或夜间进行外景拍摄，不需要闪光灯压住阳光，但会存在背景看起来很暗并且了无生趣的危险。在城市环境中，只要让任何的背景灯光焦外成像就可以创造出生动的背景，但在郊区，就必须创造出自己的背景灯光。在本讲中，我们在一个湖的附近拍摄，芦苇为拍摄对象提供了有趣的对应场景。我们在一个灯架上使用了一只闪光灯，用来打亮芦苇，另外一只透过白色柔光伞引闪来照亮模特。

布　光

我们在芦苇丛中放置了效果闪光灯，加装上全 CTO 色片，营造出火光一样的效果。请参阅第 72 页上"彩色滤光片的光谱和使用技巧"教程，了解安装和使用滤光片的详细信息。这种效果闪光灯朝着相机闪光，但被模特遮挡住一部分。为了增强火光效果，我们在闪光灯前面放置了烟饼。

在白色柔光伞后面使用安装在灯架上的第二只闪光灯照亮主体。一共使用两只非 TTL YN-460 闪光灯，通过 RF-602 模块引闪。

相机设置和拍摄

首先，我设置相机，在不使用闪光灯的情况下能够拍摄到一些背景细节。因为天色已经很暗，我将感光度增加到 ISO500，这样在使用大约 100mm 左右的焦距时我能够以 1/80 秒手持拍摄。光圈设在 f/4，而不是最大光圈 f/2.8，确保模特的眼睛完美对焦。由于已经提高了感光度，开始以 1/8 输出测试闪光灯，从这一挡开始微调。

◀ 布光示意图中显示出透过白色柔光伞引闪的主闪光灯，以及装有全 CTO 滤光片的背景闪光灯（不带光效附件）。

▶ 使用装有橙色滤光片的闪光灯，非常适合营造芦苇丛中的火光效果。(模特：尼丽塔；合作摄影师：尼柯／NN—Foto)

佳能 EOS 5D Mark II ｜ 70—200mm F2.8L IS II 镜头，设定至 f/4 和 95mm ｜M 模式 ｜ 1/80 秒 ｜ ISO500 ｜ RAW ｜ 白平衡设为闪光灯模式 ｜ 两只离机闪光灯：后面的一只装有全 CTO 滤光片，另外一只在前面，透过白色柔光伞引闪

◀ 其中的两张试拍：一张没有使用效果闪光灯，一张使用了效果闪光灯。第二张图片显示出漂亮的星芒效果（后来添加了烟雾效果）。

在 Photoshop 中进行后期处理

除了标准处理步骤之外，我着重强调了闪光灯的光效。我还添加了更多的烟雾、晕影，并进行了色彩调整。你可以按照以下步骤在 Photoshop 中创造出逼真的光线：

▸ 使用浅色（Lighter Color）混合模式建立一个复制图层（Ctrl + J 键）。

▸ 添加滤镜 > 模糊 > 径向模糊，数量（Amount）设置为 100，模糊方式（Blur Method）设置为变焦（Zoom），使用鼠标选择效果中心。

第 79 页左下角显示的是原始图像，右下角则是经过后期处理的版本，采用了比较复杂的图层堆栈。这看似很复杂，其实即便是简单的处理步骤也会产生很多图层。始终应当仔细处理每一幅图像，并一步一个脚印地构建出自己希望的感觉。

贴士、技巧及注意事项

以上页面所示的图像中，有些带有镜头光晕，有些带有星芒效果。可以按照以下步骤有意制造出这些效果：

▸ 直接对着灯光拍摄时就会出现镜头光晕。不使用遮光罩、开大光圈，使用天光镜或 UV 镜来拍摄，会增强这种效果。如想降低这种效果的强度，确保光源几乎被主体完全阻挡。

▸ 使用小光圈拍摄时就会出现星芒。星芒发出的光芒数量取决于光圈叶片的数量，其强度取决于镜头的内部结构。通过缩小光圈或者使用专用效果滤镜，例如高坚（Cokin）星芒滤镜，就可以增强这种效果。

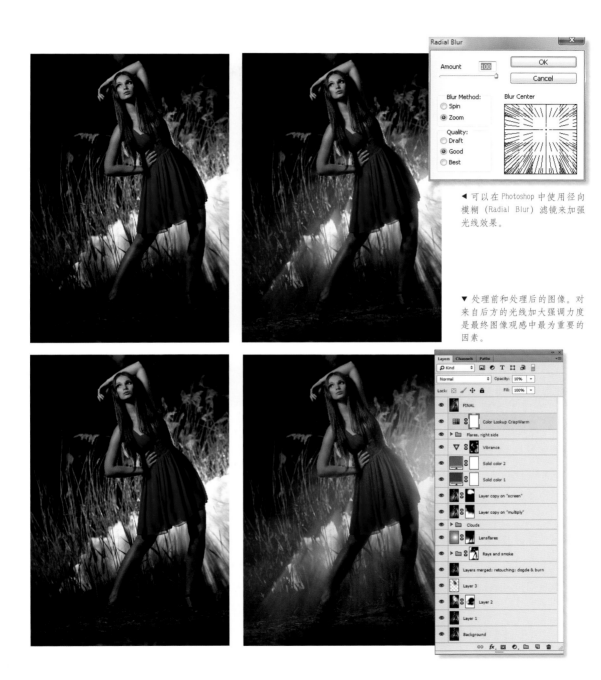

◀ 可以在 Photoshop 中使用径向模糊（Radial Blur）滤镜来加强光线效果。

▼ 处理前和处理后的图像。对来自后方的光线加大强调力度是最终图像观感中最为重要的因素。

▲ 我们使用火光效果拍摄的另外一张图像，这次带有明显的镜头光晕。

佳能 EOS 5D Mark II ｜ EF 70—200mm F2.8L IS II 镜头，设定至 f/2.8 和 200mm ｜ M 模式 ｜ 1/80
秒 ｜ ISO200 ｜ RAW ｜ 白平衡设为闪光灯模式 ｜ 两只离机闪光灯：后面一只装有全 CTO 滤光片，另
外一只在前面，透过白色柔光伞引闪（模特：多米尼克）

深度学习：
不要抖动

闪光灯可以用来凝固拍摄对象的运动，但如果在闪光灯拍摄期间包含有环境光，而且没有完全静止不动地握住相机，在照片里就会看到重影效果。过去的经验法则告诉我们，1/50 秒是能够有效进行手持拍摄的最低速度，这个法则曾经是一种实用的参考，但是今天的技术已经从根本上改变了我们拍摄的方式。1/50 法则是针对 35mm 胶片相机采用 24mm×36mm 画幅以及 50mm 标准镜头的条件制定的。使用较长的镜头则需要重新计算，才能补偿相机抖动造成的更高风险。

因此，对于全画幅相机而言，普遍认为能够手持拍摄而相机不会抖动的曝光时间为 1/ 焦距。

如果你的相机传感器较小，则需要在计算中考虑到镜头焦距转换率。例如，一只 50mm 全画幅镜头装在镜头焦距转换率为 1.6 的 APS-C 相机上，则相当于 80mm 的镜头。焦距仍然保持不变，结果却大相径庭。

对于非全画幅相机，修正公式表明，[(1/ 焦距)/镜头焦距转换率] 这样的曝光时间，一般可以用于手持拍摄图像，而相机不会抖动。

由于有了现代化的图像防抖系统，这更接近于真实，但并不总那么正确。影像稳定器（IS）和振动补偿（VC）系统，使我们能够采用比以前更长的曝光时间进行拍摄。相机制造商声称提升了曝光 2—4EV，在应用于曝光时间时，这相当于 4 至 16 倍的系数。

换句话说，原来的公式可以表示为 [（1/焦距）/镜头焦距转换率]× 采用影像稳定器时 4 到 16 的系数，或写成公式：

$$t_{最大} = \frac{1}{f \cdot c_{转换率}} \cdot c_{稳定}$$

在这种情况下，f= 焦距，c 转换率 = 镜头焦距转换率（例如：APS-C 或 DX 为 1.6），c 稳定 = 影像稳定器激活时 4－16 的系数。在实际情况下，你不会有时间去做到十分精确，因此只需要像下面这样进行快速心算就行："我使用的是全画幅相机，防抖变焦设定至 100mm。保守的防抖系数大约为 4，也就是说我可以合理地预期以 1/25 秒拍摄时相机不会抖动。"

同样的思维过程可以得出 APS-C 或 DX 相机大约为 1/40 秒。无论采用什么参数值，始终应当尽可能握住相机不动，将相机靠近自己的眼睛，确保站稳不动，屏住呼吸，然后按下快门。连拍也是防止相机抖动的有效手段。快速连续拍摄三或四张图像，能够增加至少有一张成像锐利的可能性。

第9讲
影调偏移

在公共场所，摄影师通常可以自由拍摄。但在德国法兰克福的一些公园，现在要收取 50 欧元（大约 70 美元）的特殊使用费。博隆加罗公园（Bolongaro Park）在法兰克福的赫斯特地区，是我最喜欢的外景之一，依然允许免费拍摄，但事先要申请许可。这个美妙之地到处都是雕塑，还有一个喷泉、巨型户外棋盘和两处石头楼梯，其中一处可以在所示照片中看到。整个地方非常适合时尚摄影。我们使用了影调偏移（key shifting）闪光灯技术将白天转变成夜晚，以下章节会详细说明如何实现。

布　光

这是一个比较复杂的拍摄案例。我们使用电池供电的摄影工作室闪光灯加上雷达罩作为主灯，将另外一只未加光效附件的闪光灯（小型闪光灯）放置在楼梯上面，作为在最终图像中能够看到的轮廓光 / 效果光。第三只闪光灯（也是小型闪光灯）位于栏杆的右侧，营造出在最终图像里所能看到的影子。我们将 California Sunbounce 反光板放置到楼梯左侧，提供一些补光。正如在示意图中看到的一样，雷达罩距离拍摄对象比较远，因此能够充分照亮场景而不会出现在画面中。较远的距离意味着必须将主灯提高到 1/4 输出。本讲最后列出了另外一种仅使用附属闪光灯的布光方式。

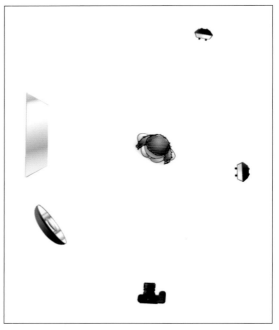

▲ 左边是电池供电的摄影工作室闪光灯加上雷达罩，右侧的两只离机闪光灯从后面和上面打光，大反光板正对着第二只闪光灯。

▲ 布光场景显示出我们的化妆师（手里正捧着树叶）、雷达罩、左边的大反光板以及楼梯上面的效果灯。在这张照片中，看不到位于右侧、用来营造栏杆阴影的闪光灯。（模特：安－卡特琳）

相机设置和拍摄

　　这个场景之所以特别有趣，是因为相机的设置和使用了影调偏移（参见下方文本框）。为了展示效果，请查看第85页上的两张照片。第一张照片是在漫射环境光条件下没使用闪光灯拍摄的。从技术上来看，图像没有问题，但不是很有趣。增加闪光灯也无济于事，因为主体打光正确，额外增加的光线只会导致曝光过度。

　　像在第二张照片中那样，如果我们对拍摄进行影调偏移设置（也就是说，有意让周围环境曝光不足2挡），我们完成的影像就像是在傍晚拍摄的，而且闪光灯提供了有效的强调光。进行这类拍摄时，可以在取景器中检查测光范围上的欠曝量。我们开始将闪光灯设置为1/8输出，主灯设为1/4输出，然后开始逐渐增加，校正设置。在多闪光灯布光中，最好的常用办法是按顺序单独添加每一只闪光灯。

影调偏移、"拖动快门"与"美国之夜"

　　影调偏移说的是一项通常被称为"拖动快门"的技术，可以在照片中改变环境光和闪光灯光的相互作用。通常（但不总是）由改变曝光时间来实现这种效果，这种方法改变了环境光的效果，但没有改变闪光灯光。

　　"拖动快门"时，通常是增加曝光时间，允许更多的环境光线到达传感器。但也可以减少曝光时间，只允许较少的环境光线进入。影调（key）这个术语是指构成图像主要光影效果的色调范围部分。低调（low-key，即较暗）图像中大部分色调的分布偏向直方图的左侧，而高调（high-key）图像明亮，

其中包含的色调大部分位于直方图的右侧。通过调节曝光时间，改变环境光和闪光灯光之间的关系，则改变了影调，因此改变了该图像的外观和感觉。减少曝光时间只允许较少的环境光到达传感器；增加曝光时间则效果相反。在本讲中，我减少曝光时间，让环境和天空变暗，营造出暗夜的情绪。这种效果会使天空变为深蓝色，因此也被称为"美国之夜"。此效果源于弗朗索瓦·特吕弗（François Truffaut）的同名电影《美国之夜》（La nuit américaine），影片中大量使用了这种特效。有时也称为"日以作夜"（day for night）。

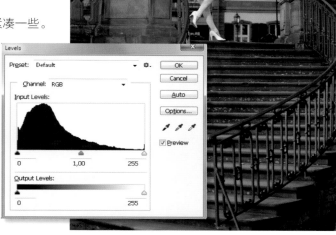

在 Photoshop 中进行后期处理

　　闪光灯光已经提供了足够的对比度，而且色彩很棒，相机直出就已经很有冲击力。我们使用了以下处理步骤：

► 拉直地平线，裁剪图像，使画面略微紧凑一些。

► 使用 RadLab 插件中 P.O.S 镜头滤镜添加晕影。

► 使用一点儿标准的美容修饰，轻微地应用了液化滤镜。

► 略微施加了颜色减淡和加深。

► 使用 Nik Color Efex 图像调色滤镜中的动态皮肤柔化器（Dynamic Skin Softener）滤镜修饰模特的皮肤色调。

► 略微增白了主体的牙齿。

► 应用了一个二次晕影。

► 合并图层，对整体效果应用智能锐化（参见下一页复制的图层堆栈）。

▲ 这张照片是未使用闪光灯、对环境光正确曝光的场景，沉闷干涩。与下图比较一下直方图。

佳能 EOS 5D Mark II ｜ EF 70 - 200mm F2.8L IS II 镜头，设定至 70mm 和 f/2.8 ｜ M 模式 ｜ 1/125 秒 ｜ ISO100 ｜ RAW

► 周围环境欠曝 2 挡，增加闪光灯后产生令人兴奋的高对比度图像，具有暗夜的感觉。直方图显示出使用这种方式后色调值的分布变化（即影调的变化），因此这种效果名称是影调偏移。

▲ 处理前后的图像对比和相应的 Photoshop 图层堆栈。晕影营造出
最明显的效果。

贴士、技巧及注意事项

本书中有几讲是大功率电池供电的摄影工作室闪光灯与小型闪光灯一起使用的，这是其中一讲。如果我们使用五只闪光灯（参见第5讲），就会仅使用小型闪光灯对这个场景进行布光，而不使用摄影工作室闪光灯的问题在于，不能使用雷达罩。白色柔光伞会产生类似的效果，但如果想得到一致的重现性效果，使用充电电池供电的摄影工作室闪光灯是更好的选择。即使太阳高挂在天空中，这样的闪光灯装置也能够产生有效的光线（参见第6讲）。

但是，如果你喜欢利用环境光，就需要充分利用环境条件。如果阳光太亮，则可以不使用闪光灯进行拍摄，可以利用逆光，或在遮阴处使用反光板。如果漫射的日光还是太亮，无法利用小型闪光灯进行影调偏移，则可试着找到另外一处不同光线的外景，同时等待着蓝色时刻的到来。

◀ 这张图像在拍摄时使用了三只闪光灯，并进行影调偏移；环境光欠曝大约 −2EV。（模特：罗玛莎卡；合作摄影师：雷·舍贝格）

佳能 EOS 5D Mark II ｜ EF 70 – 200mm F2.8L IS II 镜头，设定至 70mm 和 f/3.5 ｜ M 模式 ｜ 1/125 秒 ｜ ISO50 ｜ RAW ｜ 白平衡设为闪光灯模式 ｜ 三只无线电引闪的离机闪光灯

第10讲
硬光环境中的时尚拍摄

▶ 使用未加光效附件的闪光灯
▶ 两只闪光灯交叉打光
▶ 利用硬边阴影

这张图像中的树叶看起来像是摄影工作室内的人造背景，但确实是真的树叶。我们真的带着一张皮椅进了树林，猜猜是谁带的！这很值得，椅子的皮面和木质组合非常适合于秋天的树叶和模特的着装。与我们的主要道具完全不一样的是，灯光装置很容易携带，只有两个装配有柔光伞旋转接头的小灯架、两套无线电引闪器和两只闪光灯。这种布光不需要光效附件，并且可以决定阴影的柔和程度。

布　光

我们使用了两只很便宜的永诺 YN-460 非 TTL 闪光灯，带有内置反光板，扩散角固定为 35°，其适度的输出对于这种简单的布光完全够用。效果类似于交叉灯光的布光，但灯光都布置在同一侧，而不是彼此相对。这可以避免强调光的灯架出现在画面内，而且闪光灯仍然可以作

◀ 我们使用了两只离机、非 TTL 闪光灯，一只在右前方，另一只在右后方。效果类似于常规的交叉布光（由虚线表示），但强调光是在右侧，而不是左侧。

▶ 树林中的时尚写真拍摄，使用了两只离机闪光灯模式，没有使用光效附件。（模特：露）

佳能 EOS 5D Mark II ｜ EF 70-200mm F2.8L IS II 镜头，设定至 f/3.2 和 125mm ｜ M 模式 ｜ 1/200 秒 ｜ ISO160 ｜ RAW ｜ 白平衡设为闪光灯模式 ｜ 两只离机闪光灯，没有光效附件

▲ 原始照片（左）和经过后期处理的照片（右）。

为轮廓光，让拍摄对象从背景中突出出来，就像是交叉灯光的布光一样。主灯与拍摄对象大约呈30°角，以免拍摄对象鼻子周围的阴影太过于明显。两只闪光灯分别距离拍摄对象约10英尺。

相机设置和拍摄

与通常一样，先不使用闪光灯试拍几张，在添加闪光灯之前获得正确的背景影像。这种布光可以一次性加上所有闪光灯。

我开始先以1/4输出和ISO100试拍。直方图显示出总体略微曝光不足，因此调整到ISO160进行校正。任何其他变动，例如光圈、快门速度、闪光灯输出，或闪光灯与主体的距离，均会大幅度改变图像的外观。

然后，我将白平衡设为闪光灯模式，将镜头光圈略缩小到f/3.2，保持一切成像完美、锐利。

在 Photoshop 中进行后期处理

处理这张图像花费了将近两个小时，主要是对模特的头发和她衬衣上的皱褶做了修改。处理前后的图像见上图，以下是所使用的步骤：

▶ 拉直和裁剪图像。

▶ 使用 Nik Color Efex 4.0 中的色调对比度（Tonal Contrast）滤镜来平衡对比度和色彩。

▶ 使用 Nik Color Efex 4.0 中的动态皮肤柔化器（Dynamic Skin Softener）润饰模特的皮肤色调。

▶ 在模特的腰部和颈部对图像进行略微液化处理。

▶ 眼睛增强处理。

▶ 柔化下颌和鼻子的阴影（参见本讲中的"贴士、技巧及注意事项"）。

▶ 修复模特的头发和衬衣上的皱褶。

▶ 使用 RadLab 插件中 P.O.S. 镜头滤镜添加晕影。

▶ 应用智能锐化。

除了平时的修饰步骤，这次还使用了修补（Patch）工具来柔化阴影。尽管在主灯上使用白色柔光伞或小型柔光箱也能达到同样效果，但是使用硬光可以教会你如何定位并对准灯光——至少在我看来，对图像外观的影响要比换成光效附件时更有效。

贴士、技巧及注意事项

永诺 YN-460 非常便宜，即使摔坏了也不会真的心疼。此外，有时即使其闪光能力依然强劲，但按键却已经不起作用了。请访问以下链接，可以看到实用的指南，说明如何修复闪光灯以及如何找到其他可替换按键：www.tiny.cc/uv6wlw。

本讲中的图像只有使用 Photoshop 才能达到预期效果，我们对模特头发进行的修改在最终效果的品质中起着显著的作用。你可以不加任何额外处理来拍摄自然效果的人像，但现在的时尚和美妆摄影不借助数码手段已经非常罕见。如果你想在时尚和美妆行业工作，我诚挚地向你推荐格莱·嘉尼斯（Gry Garness）和娜塔莉亚·塔法雷尔（Natalia Taffarel）的修饰技巧 DVD 光碟，其中讲述了很多高端的技巧，能够帮助任何一位满怀志向的时尚摄影师应对各种商业要求。

▲ 这三张照片是使用 Photoshop 修补工具柔化阴影的步骤。

第11讲
夜景焦外成像

▶ 如何在城市环境中拍摄美妙的焦外成像
▶ 灯光布光

焦外成像（图像中那些可爱的焦外部分）非常令人入迷，能够产生美丽的焦外散景的镜头通常都很贵！在白天也可以拍摄焦外成像（参见第98页上"景深和焦外成像"教程），但真正华美的焦外成像，通常还是在夜晚时，镜头产生的那些令人眼花缭乱的、漂亮的虚化圆圈、泡泡。我喜欢在傍晚和夜间拍摄，那时的光线最诱人。一天当中，这个时间段的缺点在于，增加了相机抖动和图像噪点的风险，并在大光圈下较难对焦。本讲中介绍了一些方法来拍摄精彩的夜间照片。下一页的图像是在雨中拍摄的，外景地是德国达姆施塔特著名的剧院广场。潮湿的环境并未使拍摄更轻松，但水确实产生了一些漂亮的反光。

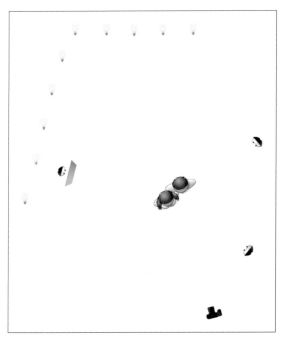

▲ 布光示意图表示出来自剧场的人造光、正面的主光，位于右后方的边缘光，以及左侧装有绿色滤光片的第二边缘光。没有使用其他光效附件。

▲ 我们在雨中的位置。拍摄时使用对环境光的设置进行曝光。

▶ 德国达姆施塔特剧院广场是一处非常棒的外景适于背景虚化的夜景时尚拍摄。（模特：蒂内伊和"M先生"；合作摄影师：雷·舍贝格）

佳能 EOS 5D Mark II｜70—200mm F2.8 镜头，设定至 f/3.2 和 168mm｜M模式｜1/50 秒｜ISO640｜RAW｜白平衡设为闪光灯模式｜多只非 TTL 小型闪光灯

▲ 从左到右：分别是没有闪光灯、仅有主灯，以及完整的布光设置。

布　光

这又是一种比较复杂的布光，但由于我们没有使用光效附件，因此比较快捷。如果闪光灯上没有加装其他光效工具，就可以使用最小、最轻的灯架。拍摄这张照片时，我们使用的是曼富图1052BAC，但是如果我们在这些灯架上使用灯伞或柔光箱，灯架就容易翻倒。

与往常一样，我一只接一只地添加闪光灯，从 1/4 或 1/8 输出开始，先试拍两三张，然后根据效果精细调整灯的位置。

相机设置和拍摄

仅使用环境光进行基本曝光时，使用 ISO640和 1/50 秒参数拍摄来自剧院的灯光，在 170mm的焦距时存在一定的风险。我使用的镜头有很棒的内置防抖系统，如果以 ISO1000 和 1/80 秒拍摄，出的废片就会很少。将光圈略微缩小到 f/3.2，这样不但可以为照片提供足够的清晰度，还保留了漂亮的背景虚化效果。

夜间如何对焦

在黄昏及入夜后，由于拍摄对象对比度不足，自动对焦无法检测到拍摄对象的边缘，因此无法正常工作。这时可以采用以下技巧来解决这个问题：

► 使用袖珍手电筒照亮拍摄对象，或在拍摄对象的脸部旁边开着手机，使得自动对焦传感器能够检测到。将闪光的 LED 纽扣别在拍摄对象的服饰上也能奏效。

► 用大光圈镜头（f/1.4 或 f/1.8）。即便向下调整光圈，最大光圈越大，对焦就会越准确。

► 使用专门的激光对焦辅助工具，例如 DeluxGear PinPoint。请注意，切勿将激光类设备对着拍摄对象的眼睛。

► 使用 YN-622 发射器上的对焦辅助灯。

► 如果使用三脚架，可将相机切换到手动对焦，然后使用实时取景器对拍摄对象的脸部进行对焦，必要时，还可以另外使用手电筒和放大显示。这种方式可能略显笨拙，但确实能够实现清晰无比的效果。

► 小小的闪光纽扣是非常便宜的对焦辅助工具，还可以当作小礼物送给模特和其他团队成员

◄ 小小的闪光纽扣是非常便宜的对焦辅助工具，还可以当作小礼物送给模特和其他团队成员。

◀ 从左到右：原始图像，在 Photo—shop 中经过后期处理的最终图像。

从前后两张图像中可以看出，没有进行过多调整。由于是全画幅相机，在 ISO640 时噪点仍然控制得很好。我采取的步骤如下：

► 拉直和裁剪图像。
► 稍微提亮画面的中心和脸部。
► 调整色彩和对比度的平衡，并进行最后的锐化。

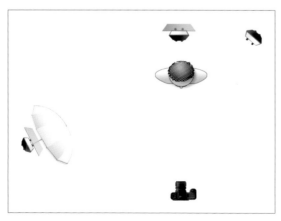

▲ 我的迪亚兹（Diaz）式布光示意图。

贴士、技巧及注意事项

如果你决定进一步研究夜景焦外成像问题，那么你迟早会知道达斯汀·迪亚兹（Dustin Diaz）。达斯汀的项目 365（Project 365）在 2009 年为他赢得了 Flickr 年度最佳摄影师的荣誉。他的照片流（www.flickr.com/photos/polvero）包括了大量带有各种焦外成像的夜景拍摄。请注意一点，达斯汀的很多照片都是基于其独具一格的复杂布光，而且他经常使用 200mm F2 尼克尔镜头，对于许多摄影师来说，这太昂贵了。

第 101 页上的照片是我的合作摄影师——亚历山大·卡斯帕（Alexander Kasper）正在阅读《雪崩》（Snow Crash）这本书。其中主光是装有 3/4 CTO 滤光片的闪光灯，透过左侧的白色灯伞引闪。边缘光在亚历克斯的背后，我增加了第三只装有绿色滤光片的闪光灯，但没有使用光效附件来照亮他身后的地面。这三只闪光灯均是非 TTL 型永诺 YN-460，分别配有 RF-602 无线电触发器。为了与达斯汀的风格保持一致，我也使用 Trajan Pro 字体以较宽的间距在图像上添加了文字。

深度学习：
景深和焦外成像

现在你可能已经注意到，我在很多照片中都使用了浅景深作为设计元素。本节将介绍如何产生浅景深并避免出现错误。

大多数相机只能以二维来表现三维世界，但有一些方法能够以照相形式强调出场景中的深度和细节。连同亮度和对比度方面的差异一起，图像中清晰度的不同是用来区分重要和非重要元素的一种最明显的方式。在摄影方面，日语词"bokeh"（意思是模糊或朦胧）被广泛用于描述背景虚化的品质。镜头厂商无法量化镜头所产生的背景虚化（即焦外成像）这一事实，凸显出好的焦外成像只是个人喜好的问题。以下是我们在焦外成像能够确定的事实：

▶ 好的焦外成像通常是一个广泛虚化的函数。如果虚化的程度极为不足，常常可能是偶然的情况。

▶ 光圈叶片的数量及其形状决定了虚化光斑的形状，并且影响着光线模糊点的圆度。通常认为，混乱的圆形和椭圆形圆圈会产生令人赏心悦目的焦外成像，但几何图案就没有这么好。在数码单反相机上，相机反光镜箱的形状也会导致沿着圆圈边缘的裁剪效果，这种效果也被认为不太美观。

▶ 焦外成像的平滑度在其品质感受方面起到了一定的作用。有些镜头产生的焦外成像洋葱圈风格，被认为是最理想的。焦外成像的完美主义者也期

待着锐边圆圈和无晕模糊圆圈相互混合的效果。

请注意，不包含各种混乱圆圈的图像仍然可能会有高品质或低品质的焦外成像，但圆圈使其能够更容易地对焦外成像进行识别和分类。如何产生赏心悦目的焦外成像？如前所述，其主要考虑的因素是浅景深，这取决于镜头的焦距（越长越好）、光圈（越大越好）、相机到拍摄对象的距离（越近越好）以及背景的距离（越远越好）。对于具有一定技术背景的读者，我推荐阅读蔡司公司 H. 纳斯（H. Nasse）博士有关景深与焦

▲ 焦外成像示例。从左上方开始顺时针：五边形、洋葱圈、裁剪和模糊的焦外成像。所有这些焦外成像风格均被视为还不够理想。

▲ 广泛的焦外成像效果是由明亮的背景灯光结合长焦距、大光圈并以短距离对焦来实现的。（模特：安妮）

佳能 EOS 5D Mark II ｜ EF 70—200mm ｜ F2.8L IS II USM 镜头，设定至 200mm 和 f/3.2 ｜ M 模式 ｜ 1/60 秒 ｜ ISO1000 ｜ RAW ｜ 使用 RF-602 热靴式闪光灯，在定位在左上方的柔光伞内使用

外成像的文章，下载地址：http://tinyurl.com/md476kq。

相机传感器的尺寸在形成焦外成像方面起到了间接作用。为了产生带有常规视角的图像，消费级相机中内置的小型传感器使用了焦距很短的镜头。其结果是，图像从近处的前景到远处的背景都很清晰锐利，因此必须采用微距模式以极近的距离来拍摄主体才会产生有些模糊的背景。大多数镜头在最大光圈时产生非常圆的混乱圆圈，但光圈叶片具有特殊形状的昂贵镜头即使在较小的光圈时也能产生平滑的圆圈。定焦镜头产生的焦外成像通常比变焦镜头更平滑，但是被设计为清晰度极高的镜头通常不是产生漂亮焦外成像的最佳选择。

深度学习：
关于同步速度的一切

拍摄第 91 页上的照片时，我使用的相机是佳能 EOS 5D Mark II，快门设为 1/200 秒，这是相机设计使用的最短闪光灯曝光时间。尼康（和其他一些制造商）将此提高为 1/250 秒，但在采用焦平面快门的相机上，我们会发现它可以达到 1/400 秒这么快的速度。

即使使用制造商建议的同步速度也必须要小心，因为无线电触发器常常会增加闪光灯同步所需的曝光时间。先使用相机进行试拍，查明在什么曝光时间照片画面会出现不好看的黑色条纹。即便使用无线电触发器，我也能够以高达 1/200 秒的速度来准确曝光，但更快的速度会导致图像产生暗条纹。除了前面介绍的 HSS 和超级同步 / 伪高速同步技术，还有其他方式可以采用较短的闪光曝光时间：

► 在 1/320 秒时，使用 EOS 5D Mark II 拍摄的图像有一半会被正确曝光，如果只是紧凑地裁剪图像，这可能也够用。事先知道这一点之后，你可以相应地对准拍摄对象取景，在后期处理期间将暗条区裁剪掉即可。在横向格式构图中，我的佳能相机所产生的暗条纹出现在画面的底部。如果是在拍摄明亮的天空，在拍摄时将相机倒过来的话还有一定的帮助作用。

► 如果在闪光灯拍摄时将更多的天光包括进来，暗条纹就不会那么突兀（请参阅大卫·齐泽对于这一技巧的绝妙解释：http://vimeo.com/31405365）。

► 如果一切都不奏效，可以在 Photoshop 中提亮所有其余的暗条纹。

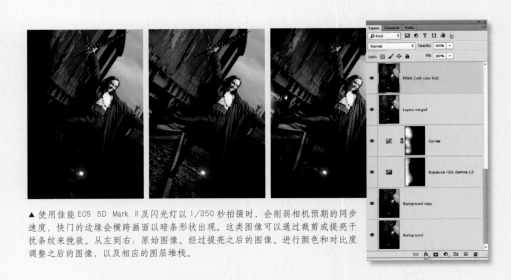

▲ 使用佳能 EOS 5D Mark II 及闪光灯以 1/250 秒拍摄时，会削弱相机预期的同步速度，快门的边缘会横跨画面以暗条形状出现。这类图像可以通过裁剪或提亮干扰条纹来挽救。从左到右：原始图像、经过提亮之后的图像、进行颜色和对比度调整之后的图像，以及相应的图层堆栈。

EADING
SNOW CRASH

▲ 阅读《雪崩》：迪亚兹风格的夜景拍摄。

佳能 EOS 5D Mark II ｜ 85mm F1.8 镜头，设定至 f/1.8 ｜ M模式 ｜
1/60 秒 ｜ ISO400 ｜ RAW ｜ 白平衡设定至自动模式 ｜ 多只离机、非
TTL 闪光灯

第 12 讲
闪光灯阵列中的舞者

▶ 如何在没有专用频闪模式时创造出频闪效果
▶ 使用七只闪光灯、采用频闪效果以及两套无线电触发器创造出复杂的布光

这个项目的理念来自乔·麦克纳利（Joe Mc-Nally），在他的"重复闪光"（Repeating Flash）视频中，他用闪光灯创造出酷炫的效果（www.youtube.com/watch?v=g4fK3yvJLZM）。重新复制乔的布光代价很昂贵，我数了数，他用了十只尼康 SB-900 闪光灯。在经过一两天的方案酝酿并做了几次实验之后，我发现使用廉价的非 TTL 闪光灯也可以产生类似的效果。其实，我只需要一只带有内置频闪模式的闪光灯，其他所有的闪光灯均作为常规副灯来引闪。

我将另外两只安装在灯伞内的闪光灯定位在舞台的两端，用来拍摄起点和终点位置；使用相机上的无线电发射器通过主频闪闪光灯来引闪第一只闪光灯，在长时间曝光结束时再使用手持无线电发射器来引闪最后一只闪光灯。这是一个复杂的场景，因此在前期准备工作完成后，至少还需要两个小时来进行布光和测试。

在本书的所有其他讲习中，最多使用五只闪光灯，但进行这次拍摄时，我使用了七只闪光灯，而且还略显不够用。这似乎有点儿闪光灯过量，但无论如何，非常有乐趣！

布　光

对页是最终图像，虚幻的图像体现出一连串频闪中捕捉到的舞者的舞姿，而在开始和结束时，她的整个身形都被充分照亮。要对类似这张照片的拍摄进行布光，你需要一间很暗的摄影工作室，还必须将相机安装在三脚架上，而且要完全围绕着模特来布置闪光灯。我们也可以在 Photoshop 中通过合并一系列单张图像来产生类似的效果，但我们采取这种纯粹的路线，在单次长时间曝光中捕捉到这一景象。以下是我们的方法（见 P104 图）：

▶ 拍摄对象开始站在左边，直接盯着柔光伞 ① 我使用快门线以 B 门模式释放快门。这在 A 通道上触发柔光伞 1 内闪光灯的无线电引闪以及佳能 Speedlite 580EX II 频闪闪光灯 ④（整套布光中唯一的智能型 TTL 闪光灯）。闪光灯 ① 和闪光灯 ④ 安装在 RF-602 接收器上，且均设定在 A 通道上。

▶ 在首次快门释放之后，拍摄对象在闪光灯 ② 和 ⑥ 之间连续跳舞，两只闪光灯设置为与 580EX II 同时闪光（参见本讲稍后一节"相机设置和拍摄"的内容）。

▶ 拍摄对象在柔光伞 ⑦ 前面结束舞蹈动作，并且在这个位置上保持不动，同时我使用设定在 B 通道上的第二只无线电触发器来引闪安装在这只灯伞内的闪光灯。

▶ 最后，我松开快门线，关闭快门。

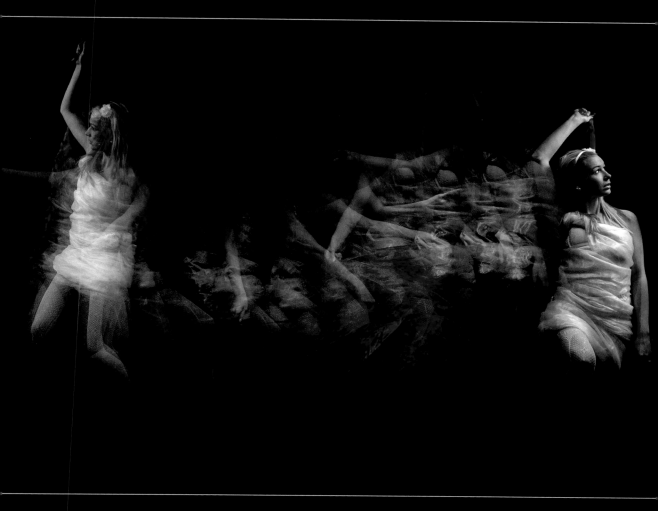

▲ 使用五只频闪闪光灯拍摄到的舞者。（模特：凡妮莎；合作摄影师：雷·舍贝格；摄影工作室由雷·舍贝格提供）

佳能 EOS 5D Mark II ┃ EF 24—105mm F4.0L 镜头，设定至 f/6.3 和 35 mm ┃ M模式 ┃ B门模式4秒，使用快门线 ┃ ISO320 ┃ RAW ┃ 白平衡设为闪光灯模式 ┃ 白色柔光伞内两只边缘闪光灯，以及另外五只闪光灯，功能设定为频闪

相机设置和拍摄

我们布置了七只闪光灯，并且控制如下：

▶YN-460，使用安装在相机上的 RF-602 在 A 通道上无线电引闪。闪光灯安装在白色柔光伞内，设置为 1/8 输出。

▶YN-460，设定为 S1 模式（即作为光学引闪的从属闪光灯）。该闪光灯设置为 1/64 输出，并跟在闪光灯 ④ 发射的频闪闪光之后。

▶与闪光灯 ② 相同。

▶Speedlite 580EX II，通过安装在相机上的发射器在 A 通道上无线电引闪。该闪光灯设置为频闪（MULTI）模式（参见相机用户手册，了解如何设置）和 1/32 输出。该闪光灯与闪光灯 ① 同时闪光。频闪周期以 2—3 赫兹的频率持续大约 4 秒钟。

▶与闪光灯 ② 相同。

▶与闪光灯 ② 相同。

▶YN-460，在通道 B 上使用 RF-602 接收器无线电引闪。一旦模特到达其舞蹈动作的结束位置，我使用手中的第二只无线电触发器手动引闪该灯。闪光灯安装在白色柔光伞内，设定为 1/8 输出。

　　闪光灯②③⑤和⑥，分别设为从属闪光灯（S1 模式），并通过 580EX II 的频闪闪光来光学引闪。由于低输出设置以及主灯和从属闪光灯之间没有遮挡障碍，因此可以实现这一结果。所有五只闪光灯朝着略微反光的地面，因此位于其正面附近的光学从属单元全部朝着相同的方向。

　　在这种布光中，只能使用具有内置频闪模式的闪光灯作为主闪光灯——例如尼康 SB-900 闪光灯、佳能 Speedlite 580EX II，或永诺 YN-468。设置频闪模式包括选择数量、频率，以及希望引闪的闪光灯的输出。如果整个序列不能正

▲ 我们的频闪布光示意图：可以看出白色柔光伞内的两只闪光灯是用来捕获舞者的起点和终点位置，在此之间我们布置了五只频闪闪光灯，没有使用其他光效附件。

▼ 我们的摄影工作室布光表明，起点和终点闪光灯安装在灯架上，之间的频闪闪光灯安装在一根梁上。室内空间越大越好，可以避免墙面不必要的反光。

常工作，最可能的原因就是选择的输出设置过高，致使闪光灯之间无法快速回电。频闪模式通常无法用测试按钮引闪，所以必须用相机快门线或无线电触发器来引闪测试闪光。

可使用触发器上的小 DIP 开关，对该布光中使用的两个发射器通道进行设置。我称其为 A 和 B 通道，但实际编号可能会因具体型号而异。重要的是，对于第一只闪光灯和最后一只闪光灯要分别使用两个独立的通道。

在 Photoshop 中进行后期处理

我们使用的摄影工作室较小，因此得处理不需要的散光和墙面的反光。如果是大舞台或夜间森林空地，效果会更好。我们进行的大多数后期处理步骤其目的在于抑制摄影工作室背景中不必要的细节。其他的一切都是标准操作：裁剪、颜色和对比度调整、添加文本／标识以及锐化。

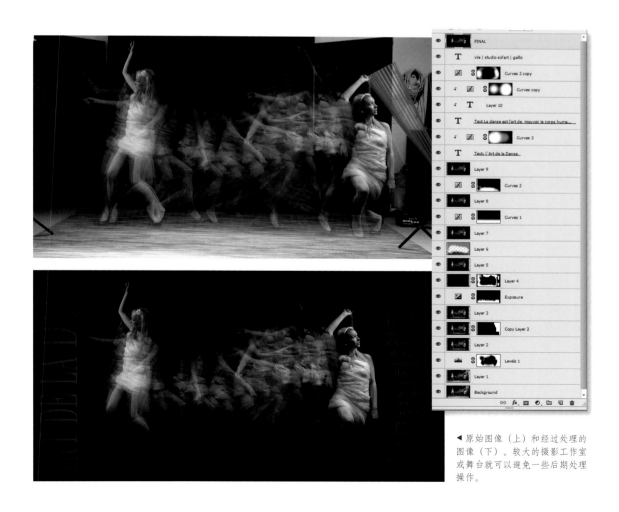

◀ 原始图像（上）和经过处理的图像（下）。较大的摄影工作室或舞台就可以避免一些后期处理操作。

贴士、技巧及注意事项

　　在这个布光中，我使用了市场上第二昂贵的佳能闪光灯。另一种方法是使用便宜的非频闪闪光灯，将其设置为最低输出。以最快的速度手动按下测试按钮，可以将其引闪，然后通过手持的主灯引闪光学触发的从属闪光灯。但频闪闪光灯越来越便宜：永诺 YN-568 就非常不错，是一款很便宜的闪光灯，而且还带有高端功能设置。

　　如果你像乔·麦克纳利那样，有很多专用的系统闪光灯（他的是尼康 CLS 型），则可以对其进行编程，作为智能主闪光灯和从属闪光灯组来自动工作。在我们的布光中，主灯或从属闪光灯都是指非智能光学触发。

▲ 在拍摄期间，我们使用相同参数拍摄到的另一幅图像，请参见第 103 页。这种技术非常适于捕捉舞蹈和运动场景。

第13讲
水下拍摄

▶ 如何获得便宜的防水装备
▶ 如何在水下引闪闪光灯
▶ 注意安全！

海蒂·克拉姆（Heidi Klum）向我们展示了一种方式，因此我们决定照搬。水下时尚拍摄看起来真的很酷，但要注意：像这样的拍摄会涉及很多辛苦工作和一些无奈。水下拍摄的安全问题

不容忽视（参见左侧文本框），但我足够幸运，结实到一位户外恒温游泳池的主人，因此我抓住了机会。到了我们实际开始拍摄的时候，我有点儿紧张，但本讲中所述的指导原则确实十分奏效。

本讲的目的是为了让你有机会来试验一下这种技术。对于这个项目，我们为了以防万一，没有选择使用最好的相机，我们使用的潜水外壳并不高端，但最终的结果却与好相机拍出的一样很好。如果你真的想潜心水下拍摄，下一步再进行高端设备的投资也不迟。

安全第一！

如果你遵循一些基本规则，水下拍摄就会非常安全而且有很多乐趣。请确保至少有一位小组成员经过急救护理认证，并在干燥地面上至少留有一人，确保每个人始终都有安全感。理想情况下，摄影师应当是合格的潜水员，即便只是使用通气管设备，也应如此。

如果需要使用额外的灯光，任何需要电源插座的设备均应严格禁止靠近游泳池的边界。

一些专家告诉我，使用经过电隔离的电池供电型水下闪光灯十分安全，因为电流经过闪光灯电极（或电容器电极）之间的最短距离被消耗掉，并且不会通过水来接地。这听起来很合理，但我们并未决定去尝试。相反，我们使用了三重安全机构来安装闪光灯头、电池组，以及一个 230 伏变压器，这一切均安放在水面上方的跳水板上。

但是，如果你也像这样进行拍摄，相机被水淹了可不要怪我。我们的其中两个无线电接收器和其中一只闪光灯就是在这次拍摄过程中坏了，因此不要低估风险，水可以进入任何设备之内！

布 光

如果在阅读完本页上的警告之后你仍然有兴趣，那就请继续阅读。你可以考虑不使用闪光灯，这样会更简单一些，但这时要掌握太阳的位置和角度。游泳池墙壁会阻止很多的可用阳光，因此你只能在光线最明亮之处的有限空间内工作。此外，相机的内置闪光灯也无法起到真正的实际作用，因为会产生不漂亮的直接光线。如果想要拍摄效果看起来很自然，水下灯光应当从上方斜下来。如果你考虑使用一两盏便宜的建筑工地泛光灯，那就算了吧！必须要重复强调一点：任何需要电源插座的设备均应严格禁止靠近游泳池的边界。而且，建筑工地照明灯也不会产生足够的照明（参

▲ 我们的水下拍摄图像，没有进行任何复杂的图像处理，只是将图像旋转了 90°。灯光和拍摄参数与第114页上列出的相同。(模特：尼丽塔；合作摄影师：尼柯 /NN—Foto)

见"附录 A"中闪光灯与连续光源的计算示例）。

使用安装在相机上的无线电触发器来引闪水面上方的闪光灯并不起作用。即使触发器功率很强大，比如我的 RF-602，在水下也只有大约 4 挡的范围。话虽如此，但本讲中所示的布光均基于这一想法。我们使用一台旧的佳能 EOS Rebel T1i(EOS 500D)，配上 RF-602 无线电触发器，然后装入 DiCAPac WP-S10 防水壳 1。这样一来，不但价格便宜，而且效果很好，遗憾的是由于防止渗水原因，无法使用电缆线。市面上有更昂贵、更可靠的外壳，但现在的情况是我们只要能够达到目的就行。最好在一个单独的袋子中使用接收器模块，将其安装在相机 2 附近，然后使用 33 英尺闪光灯螺旋电缆连接到电池供电的摄影工作室闪光灯——我们使用的是 400 Ws 中威摄

闪光灯 / 电池组合及抛物面反光镜 3 和 4。

到目前为止，我还没有谈到这个系统中存在的薄弱点。其关键点在于装接收器的袋子上电缆线的出口。在第一次尝试时，我们使用了从宠物商店买来的多个装鱼袋，使用胶带和橡皮筋来密封袋子。这种方法能保持一段时间的水密性，但大约一个小时后便开始渗水。如果你打算长时间进行水下拍摄，需要请一位电子专家来将无线电触发器密封在塑料外壳中，并通过密封连接穿入电缆线。如果你还想试验，那就买一大卷真空包装膜，然后请当地的肉食品店或杂货店店员密封成一端开口的长袋。然后，可以使用这个袋子装入触发器和电缆线。使用这种方法加上 DiCAPac 外壳，我们能够建立一套水下闪光灯系统，费用不到 120 美元。

▼ 我们的水下拍摄布光。

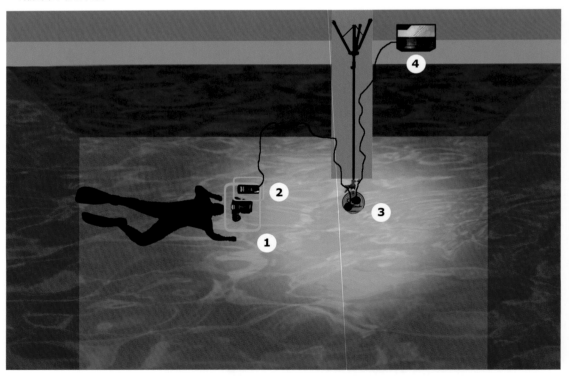

▲ 工作中的拍摄团队。

我们用绳子、胶带和扎带将电池供电型闪光灯固定在跳水板上，然后装上抛物面反光镜，将其设定为 1/4 到 1/2 输出。如果你没有摄影工作室闪光灯，则可以使用第 60 页所描述的五只闪光灯解决方案，但可能需要省略灯伞，以便产生足够的光线。

相机设置和拍摄

在一切都布置完毕后，拍摄就相当简单了。在没有直射阳光之处，水下很暗，因此我们将相机的感光度设为 ISO400。幸运的是，水下自动对焦效果很好，所以我们无须通过面具、水及相机外壳来观察对焦。我们将变焦镜头设在广角端，确保足够的景深，也确保能够捕捉到模特和她在水面的倒影。使用小光圈有助于一切保持清晰锐利，但会减少本已很少的进入镜头的光线。我们最后采取折中的办法，使用的光圈是 f/7.1。设置相机时与在地面上的方法相同：使用适当的感光

度并在手动模式下拍摄，以此选择合适的光圈。

进行一些试拍，出水后检查一下效果，看看设置是否能够展现出游泳池和水的最佳效果。如果不能表现出最佳效果，则需要调整曝光，重新再试。当最终确定曝光设置后，增加闪光灯，让模特自己呈现她的动作。然后利用试拍图像来微调闪光灯与拍摄对象之间的距离，决定最佳闪光灯输出设置。

在 Photoshop 中进行后期处理

以 RAW 格式拍摄的话，能够为处理阶段进行图像调整时保留最大余地。对于此拍摄，我们执行了以下步骤：

► 导入 RAW 文件，增加自然饱和度，稍微提亮阴影部分，将文件略微锐化，并增加清晰度。

► 在 Photoshop 中进行一些常规清除操作，包括使用仿制图章工具去掉管道和瓷砖之间的缝隙。

► 增加对比度，添加晕影，并调整颜色。

▶ 我们的处理步骤:
① 原始图像;
② 背景图像;(照片版权所有
© AirMaria,Fotolia)
③ 在 Photoshop 中处理操作两个
小时的结果。

THE MERMAID

Who would be
A mermaid fair,
Singing alone,
Combing her hair
Under the sea,
In a golden curl
With a comb of pearl,
On a throne?

And all the mermen
under the sea
Would feel their
immortality
Die in their hearts
for the love of me.

Alfred Lord Tennyson

GALLO

▶ 将我们的图像与海洋背景的图库图像（照片来自Fotolia）进行合并，然后添加文字和标识。

贴士、技巧及注意事项

▶ DiPACac 外壳非常棒，但镜头套太长。我们将镜头套往回拉，然后使用胶带将其固定到位。

▶ 模特越接近水面，而你在水中的位置越深，在照片中就可以获得越多的倒影效果。

▶ 我们无法使用遥控线来引闪电池供电型摄影工作室闪光灯，因为没有合适的适配器；我们的闪光灯电缆线两端均有热靴。相反，我们将闪光灯连接到水面以上的电缆一端，通过使用其内置的光学触发器来引闪主闪光灯。

▶ 模特们穿着又长又重的服饰，而且她们还得尽力克服自己的浮力问题。我们是这么解决这个问题的：先让她们潜入深水区，在她们慢慢向上浮起时进行拍摄。而我们只靠配重皮带还无法抵抗自己的浮力，所以我们在拍摄时利用双腿夹在游泳池墙壁上的管道上 30—40 秒。

▲ 最终完成图像，其中的海底图像在 Photoshop 中增加完成。灯光和拍摄参数与第 114 页上列出的相同。（模特：安妮，合作摄影师：尼柯 /NN—Foto，背景图像版权所有 © XL—Luftbild—fotograf，Fotolia）

THE MERMAID

Who would be
A mermaid fair,
Singing alone,
Combing her hair
Under the sea,
In a golden curl
With a comb of pearl,
On a throne?

And all the mermen
under the sea
Would feel their
immortality
Die in their hearts
for the love of me.

Alfred Lord Tennyson

GALLO

▶ 如果按照我们的提示并遵守一些重要的安全规则，即使在水下，你也能够创作出有效的闪光摄影作品。（模特：尼丽塔；化妆及造型：蕾卡；合作摄影师：尼柯 /NN-Foto）

佳能 EOS Rebel T1i ｜ 24—105mm 镜头，设定至 24mm 和 f/7.1｜ M 模式 ｜ 1/160 秒 ｜ ISO400｜ RAW ｜ 白平衡设为闪光灯模式 ｜ 电池供电型摄影工作室闪光灯

第 14—17 讲
闪光灯与微距摄影

闪光灯在微距摄影里起着重要的作用。它可以让你在拍摄微距图像时避免相机抖动问题，并且拥有足够的景深。本章将介绍如何布置一套强大的微距闪光灯装备，并利用昆虫的眼睛来解释景深合成技术。本章还包括关于暗场布光的内容。

第14讲
使用微距装备

微距摄影会显示出人眼可能无法看到的微小细节，如盛开花朵中的纤细花蕊或昆虫复眼的各个小眼，都会显示出非常清晰的细节。微距照片可以使用近摄镜头、延长筒或反接环进行拍摄，不用花费太多资金就可以相对容易地拍摄到此类图像。

在微距情况下，你很快就会发现，由于要采用小光圈来提供足够的景深，因此在拍摄时，光线的亮度总是不够。这就需要使用闪光灯了。热靴式或内置式闪光灯的光线尚不足以适应这样的工作，因为直射光线太刺眼，而且不能照亮镜头的正前方区域。离机闪光灯能够让你按照需要来准确定位闪光灯。

布 光

要构建一套微距装备，就需要某种类型的底座。我使用路华仕闪光灯夹，再另外配一个19P球头。这使我能够按照自己的需要将闪光灯头定位在镜头前面。使用专门的闪光灯柔光箱或在周围装上一个简单的纸套，近距闪光灯发出的光线就会很柔和。

微距镜头 | 对于常规镜头，如果在镜头前安装一个近摄镜，或者在相机和镜头之间安装一个延长筒，便可以用于微距摄影。也有专门设计的微距镜头，

◀我这套简单而又强大的微距装备，其中包括一台APS-C佳能EOS Rebel T1i（EOS 500D）相机，以及安装在路华仕反接环上的佳能24—105mm EF镜头。相机安装在路华仕闪光灯夹上，灯夹上装有两个19P球头和一只佳能Speedlite 430EX II TTL闪光灯，闪光灯使用威摄TTL闪光灯螺旋电缆线连接。

▶ 使用反接环拍摄的怀表，详见正文说明，镜头设置到变焦范围的远摄端。

佳能 EOS Rebel T1i ｜ EF 24—105mm 镜头，设定至 100mm 和 f/16（安装在反接环上）｜ M 模式 ｜ 1/125 秒 ｜ ISO100 ｜ RAW ｜ 白平衡设为闪光灯模式 ｜ TTL 闪光灯 ｜ -2/3EV FEC

▶ 相同的布光，但这次镜头设在广角端。

佳能 EOS Rebel T1i ｜ EF 24—105mm 镜头，设定至 24mm 和 f/16（安装在反接环上）｜ M 模式 ｜ 1/125 秒 ｜ ISO200 ｜ RAW ｜ 白平衡设置为闪光灯模式

◀ 最好使用离机闪光灯进行微距拍摄。这样就可以不使用三脚架，并仍可产生足够的景深。

佳能 EOS Rebel T1i ｜ 50mm F1.4 镜头，使用延长筒，设在 f/10 ｜ M
模式 ｜ 1/125 秒 ｜ ISO100 ｜ RAW ｜ 白平衡设定至闪光灯模式 ｜ 闪
光灯装置：微距装备

▲ 我拍摄这只苍蝇时，使用了微距装备，反接安装了标准套头 18—55mm 变焦镜头，光圈设定在 f/18。拍摄时，使用一个纸套围住镜头作为柔光器。

佳能 EOS Rebel T1i｜EF 18—55mm 镜头，设定至 33mm 和 f/18（安装在反接环上）｜M 模式｜1/125 秒｜ISO100｜RAW｜白平衡设定至自动模式

价格范围不等。第 120 页上，是我用延长筒拍摄的蒲公英照片，然后我使用反接环拍摄了本章节中的其他照片。使用反接环的话，可以倒过来安装镜头，因此能够以近距离和很高的放大倍率进行拍摄。反接的广角镜头能够提供 7 倍的放大倍数，这相当于高端的微距镜头，例如备受青睐的佳能 MP-E 65mm F2.8。

微距闪光灯｜在微距情况下可以使用 TTL 或非 TTL 闪光灯，但是，由于 TTL 闪光灯电缆线是由厂商指定的，在选择如何将闪光灯连接到相机时要注意这一点。我使用的是威摄牌佳能专用 2 米 E-TTL 螺旋电缆线。对于非 TTL 闪光灯，可以使用任何兼容的无线电触发器。TTL 闪光灯对微距拍摄能够起到真正的帮助作用，特别是在手持拍摄时，因为到拍摄对象距离的微小差异都会使曝光值有相当大的不同（由于平方反比定律）——TTL 闪光灯会自动补偿距离的变化。理想情况下，应将相机设定至 FE 锁定（佳能）或 FV 锁定（尼康），也就是将点测光与测光存储结合在一起（用于稍后重新构图）。如果使用三脚架拍摄，就会有更多的控制，利用非 TTL 闪光灯也一样有效。

相机设置和拍摄

配置完微距装备之后，在去寻找昆虫进行拍摄之前，最好先试拍几次。我通常将光圈调至 f/18 左右，也就是说必须相应调整闪光灯输出。如果感光度增加到 ISO200 或 ISO400，就可以减少闪光灯的回电时间。对于目前的高性能相机而言，这么高的感光度值不会存在什么图像品质问题（许多尼康数码单反相机的感光度默认值就是 ISO200）。

贴士、技巧及注意事项

▶ 延长筒和反接环分为无源和有源（更昂贵）型号。无源装备只是以机械方式将相机和镜头连接在一起，不会传输任何焦距和光圈数据。通常必须将光圈直接设定到最小或最大（具体取决于镜头制造商）。如果你愿意改变镜头的机构（有可能导致保修失效），通过设定预期的光圈、按下景深预览按钮、在按住按钮的同时卸下镜头，这样可以使用不同的口径来"欺骗"相机系统。然后，可以使用光圈设置按反向位置安装上镜头。如果使用的是有源反接环（只有路华仕生产，并仅可用于佳能相机），光圈可以像通常一样自动工作。

▶ 反接环通常带有 58mm 螺纹，所以对于具体镜头来说，可能另外需要转大或转小的转接环。

▶ 一般来说，Flickr 上有很好的装备和拍摄技巧资源。要查看约翰·霍尔门（John Hallmen）精彩的微距作品集，请访问：www.flickriver.com/photos/johnhallmen/popular-interesting，或者查看：www.flickr.com/photos/johnhallmen/sets/72157604592459772，了解他的装备。

▶ 昆虫摄影本身就是一门学问。如果你想拍摄到精彩的昆虫图像，就需要了解更多关于昆虫行为的知识。在夏末清晨，非常适于拍摄苍蝇和蜻蜓，因为气温较低，这些昆虫的行动也慢了下来，因此更容易拍摄到它们休息的镜头。这时候，甚至可以用三脚架和闪光灯拍摄而不会打扰到它们。

深度学习：
最佳光圈和临界光圈

最佳光圈和临界光圈是我们经常遇到的两个名词。这两个光圈名词说明了摄影师需要通过光线和拍摄所用设备之间的关系进行不断的平衡。简单地说，光圈越大，图像景深越浅。相反，光圈设定得越大，降低整体清晰度的风险也越大，这是由于镜头衍射的原因所致。在景深和衍射模糊之间保持最佳平衡的光圈就叫最佳光圈。计算最佳光圈可不是一件简单的事（可在维基百科搜

索"景深"）。一般而言，全画幅和 APS-C 相机的最佳光圈在 f/16 到 f/20 之间，但是对于传感器较小的小型相机而言，可能只有 f/5 或 f/8 这么低。计算最佳光圈可通过各种在线工具。

即使拍摄对象几乎没有什么物理深度，只要将两个相对立的值结合起来，也有助于拍摄到最清晰的图像：衍射模糊，出现在小光圈的情况下；光学像差，这是镜头结构所固有的特性，在大光圈时最为常见。光学系统（即镜头）能够在像差校正和对比度再现之间交付最佳平衡的相对光圈则被称为临界光圈。过去的经验法则告诉我们，在正常日光下光圈设定为 f/8。这听起来可能过于简单，但请看一看支持这一理论的测试图（www.slrgear.com）。简而言之，如果情况允许，并且如果拍摄对象不需要景深方面的特殊处理，在 f/5.6 或 f/8 时通常可以取得很好的效果。大多数全画幅和 APS-C 相机在上述光圈时能够体现出最佳的整体分辨率。

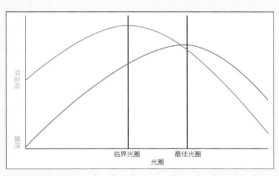

▲ 最佳光圈与临界光圈。

▼ 备受欢迎的佳能 EF 50mm f/1.8 Ⅱ 镜头的临界光圈是 f/5.6。按照绝对值结果计算，这是这只镜头能够产生最清晰效果的光圈。[插图由戴维·埃切尔斯（Dave Etchells）提供，www.slrgear.com]

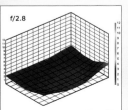
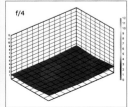
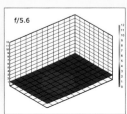
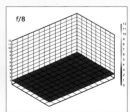
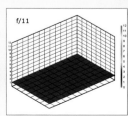

第 15 讲
大特写微距摄影

> ▶ 如何配置你的装备来拍摄大特写镜头
> ▶ 拍摄景深合成序列
> ▶ 使用景深合成技术优化景深

大特写摄影需要不同寻常的设备。如果你想以 4 倍以上的放大倍率来拍摄，普通的延长筒和近摄镜头就不够用了，但可以使用装有延长筒的微距镜头或高度专业化的镜头，比如佳能 MP-E 65mm F2.8。反接环几乎可以将任何镜头都转换成大特写微距镜头。拍摄昆虫的复眼是一项特别具有挑战性的摄影工作，但结果往往非常神奇。请查看 Flickr 上的专门拍摄小组：www.flickr.com/groups/compoundeyes。

布光和相机设置

我使用两只非 TTL 闪光灯进行布光，分别放在拍摄对象的两侧，将苍蝇放置在一块橡皮泥上，然后将其粘在千分尺台钳上。我切开一只乒乓球当作柔光工具，使用 RF-602 无线电触发器引闪闪光灯。APS-C 相机安装在三脚架上，反接安装的 10—20mm 变焦透镜设置到 14mm。我使用路华仕生产的有源反接环，这种反接环自动将所有的光圈数据传送到相机。我用这一布光拍摄了一系列的 33 张图像，每一张均对拍摄对象的距离调整了 50 微米。在第 126 页上部的单张图像中可以看出，在这种大特写微距拍摄情况下，景深会是如何之浅。缩小光圈会提供更大的景深，但也会进一步偏离临界光圈，从而降低整体清晰度。有一种最有效的办法可以在微距图像中获得更大的景深，那就是以不同的距离拍摄一系列的照片，然后在后期处理时合成单张图像，从而显示出增强的景深。

▲ 在我们拍摄复眼的布光中，可以看到一副千分尺台钳和两只离机闪光灯。乒乓球临时用作柔光工具。

▲ 昆虫复眼的每个小眼都是六边形的。像这种精细的细节只有使用闪光灯和景深合成技术才能获得。

佳能 EOS Rebel T1i ｜ 适马 10—20mm f/4—5.6 镜头，设定至 f/8（使用路华仕反接环和 77—58mm 转接环）｜ M 模式 ｜ 1/125 秒 ｜ ISO100 ｜ JPEG｜ 白平衡设为闪光灯模式 ｜ 两只离机、非 TTL 闪光灯 ｜ 采用一系列 33 张源图像进行景深合成

▲33 张源图像中的一张，显示出景深是如何之浅。

景深合成介绍

　　拍摄景深合成序列有很多方法。只要改变拍摄焦距即可奏效，但这也会略微改变放大倍数，因此会更难以合并图像。最好使用一套装置，使你能够保持焦距恒定并可改变拍摄对象与镜头之间的距离，适于这种方法的最佳工具就是高精度微距轨道。然后可以在专用堆栈程序（例如：Helicon Focus）中或者使用 Photoshop 中的标准工具来合并源图像。

▼ 我们的一系列源图像，每一张均以差别极其微小的距离拍摄而成。

在 Photoshop 中进行景深合成

使用"文件 > 脚本 > 将文件载入堆栈"命令，将源图像载入一个新堆栈中，然后勾选"尝试自动对齐源图像"选项。现在，在生成的堆栈中选择所有的图层，然后导航到"编辑 > 自动混合图层"命令，在随后出现的对话框中选择"无缝色调和颜色"选项。Photoshop 需要一段时间来处理堆栈。完成后，可以将图像拼合为单个图层并对结果进行微调，必要时可以进行对比度和颜色的调整。在使用仿制图章工具清除所有残留的光晕或接缝之后，可以对景深增强后的图像进行锐化用于输出。

第 16 讲
露珠中的花朵

▶ 在摄影工作室中重现自然风光
▶ 获取极端放大倍率
▶ 使用景深合成技术优化景深

我喜欢图像中那种被露珠（充当微小透镜）放大的彩色物体的感觉，因此决定在自己的摄影工作室中创造出这种效果。我开始先在 Flickr 上浏览，看看其他摄影师在这方面都做了些什么，然后发现了布莱恩·瓦伦丁（Brian Valentine）的照片流和教程（他的昵称是 Lord V），详见：www.flickr.com/photos/lordv。布莱恩显然是一个比我更痴迷大自然的摄影师，因为他在户外拍摄，但他使用离机闪光灯的方法与本讲内容相同。

布莱恩的教程看起来似乎很容易，但我用了很多的时间去尝试，才超出原来的预期。我遇到的第一个主要障碍就是在草叶上创造出露珠。吸管不起任何作用，因为露珠会滚落下来。

最后我向香水喷雾器中注水然后喷在草上，形成了有效的露珠。在创造出一排露珠后，再用纸巾角小心翼翼地轻轻蘸掉多余的水。

下一件必须弄清楚的事就是花与露珠之间的最佳距离。可以将非常小的花朵放在相距 1 英寸左右之处。另一项重要挑战是拍摄露珠，因为它太小了，远超出我的预料，大约只有 1 毫米的宽度，即便用我的延长筒也无法放大这个场景，所以我决定将 24—105mm f/4L 反接安装在我的路华仕转接环上。这样能得到 1—5 倍的放大倍率，可以通过变焦环来调整变化。到了这一步后，还需要的就是合适的光源。

布 光

就像在左侧照片中看到的一样，我使用了两只离机闪光灯，用一张纸当作柔光器，并透过这张纸引闪闪光灯。两只闪光灯都设置为 1/2 输出，目的是用来模拟单只全输出闪光灯，这样的话，回电时间就会更短。尽管输出设定得很高，但还得使用 ISO320 和 f/5.6，这比较接近临界光圈。因为没有使用更小的光圈，后期采用景深合成技术对浅景深进行补偿。

▼ 我的露珠图像布光图，两只离机闪光灯，透过一张白纸引闪。草叶与水滴距离花朵只有一两英寸，使用台灯辅助对焦。

▲ 布光详图。

相机设置和拍摄

尽管这样的图像可以手持相机拍摄,但多幅图像会存在细微的差别,难以精确地进行堆栈,所以最好使用微距轨道。如果手头上没有微距轨道,可以采用如下办法:选择自己预期的变焦设置,再将相机设置为手动对焦。来回轻轻移动相机,直到露珠中的花朵对焦,然后释放快门。继续对焦其他露珠,拍摄多张图像。仅当使用连续的强光源来帮助对焦时,这种方法才有效。我使用的是卤素台灯。

在 Photoshop 中进行后期处理

Photoshop 和 Zerene Stacker 均无法自动堆栈我手持拍摄的源图像。我最后选择了两张取景非常相似但对不同露珠对焦的图像,Photoshop成功地完成了堆栈。对于第二个系列的图像(红花那组),我选择了三张源图像,然后手动对齐,使用图层蒙版进行合并。

以下是我采用的步骤:

► 自动景深合成(黄花):

1. 选择要对齐的两张最相似的图像,然后使用"文件 > 脚本 > 将文件载入堆栈"命令,将其载入作为一新堆栈。勾选"尝试自动对齐源图像"选项,选定的图像则会载入自动对齐的堆栈中。

2. 在堆栈中选择所有图层,然后导航到"编辑 >自动混合图层"命令。

3. 选择最上面的图层,同时按下键盘按键 Ctrl+E(Windows)或 Command+E(Mac),对图像进行拼合。

4. 使用仿制图章和补丁工具执行一些必要的修补操作。

► 手动景深合成(红花):

1. 按照自动景深合成所述步骤载入图像,但不要勾选"尝试自动对齐源图像"选项。而是进行手动对齐图像的操作(Ctrl+A 进行选择,Ctrl+T 进行变形)。也可以一直按住 Ctrl 键的同时进行变形调整,以此对一个图层进行变形。对正在调整的图层降低透明度,则更容易将其与下面的图层对齐。

2. 给每一个图层添加图层蒙版,进行反相(Ctrl+I),然后使用白色软画笔擦拭出对焦区域。

▼ 我选定用于自动堆栈的两张源图像。

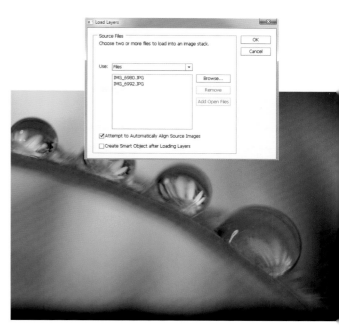

▼ 使用两张源图像进行自动景深合成。使用仿
制图章工具对最终图像进行精细调整，然后略
微锐化进行最后润色。

3. 选择最上面的图层，同时按下键盘按键 Ctrl+E（Windows）或 Command+E（Mac），将合并的图层进行拼合。

4. 使用仿制图章和补丁工具执行一些必要的修补操作。

贴士、技巧及注意事项

可用的堆栈工具有很多。你需要试验一下，看看哪一种工具能更好地处理你的堆栈。除了 Photoshop 的内置堆栈工具，也可以尝试以下这些软件：

▶ Zerene Stacker：http://zerenesystems.com

▶ Helicon Focus：http://www.heliconsoft.com

▶ Enblend/Enfuse：http://enblend.sourceforge.net/

▶ CombineZM 和 CombineZP

请参阅"附录 C"，全面了解更多关于景深合成与微距摄影的信息。

◀ 我手动堆栈使用的三张源图像。

▼ 使用其相应图层和蒙版对齐的图层。

深度学习：
如何使用反光镜预升和实时取景

由于长焦镜头和微距镜头大幅度放大了拍摄对象，即使最轻微的相机运动也会导致严重的图像模糊。这类运动包括在曝光期间数码单反相机反光镜从光路中提起时造成的震动。这个问题的解决办法就是反光镜预升。大多数的数码单反相机均内置有这项功能，通常可以在自定义设置菜单中找到该设置。启用这项功能后，反光镜预升功能会在按下快门按钮后让反光镜先提起来，然后可以等待震动消散后，再按下快门按钮释放快门。释放快门后，反光镜回到原位。如果需要长时间曝光，反光镜预升的作用不是很大，因为相对于快门打开的总时间来说，快门震动消散的时间可以忽略不计。但是，若曝光时间较短，甚至对焦马达的运动也会导致相机震动。为了获得最大的清晰度，始终应当预先聚焦，稍等片刻，然后释放快门。

在实时取景模式中，反光镜始终锁定在上部位置处，因此使用实时取景是另一种减少相机震动的好方法。请注意，有些相机（例如尼康D700）在实时取景模式下释放快门时，反光镜会在此上下摆动。如果你不确定自己的相机是否会出现这种情况，请仔细倾听快门发出的声音——反光镜发出的咔嚓声比快门的动作声更大。

◀ 使用反光镜预升和实时取景是非常好的方法，在长焦和微距拍摄时能够保证最大的清晰度。

◀ 露珠中反射的花朵非常漂亮，如果使用正确的技巧就非常
拍摄到。

佳能 EOS 5D Mark II ｜ EF 24—105mm F4 镜头，设定至 24mm 和 f
（安装在有源反接环上） ｜ M模式 ｜ 1/160 秒 ｜ ISO320 ｜ JPEG
平衡设为闪光灯模式 ｜ 两只离机闪光灯，以 1/2 输出并行布置

第 17 讲
暗场拍摄硬币

▶ 使用闪光灯营造暗场布光效果
▶ 使用暗场灯光布光突出硬币的图案
▶ 利用平方反比定律来优化布光

暗场布光涉及在布光时让灯光勾画出主体的侧面。这种技术非常适于强调拍摄对象表面上的雕刻、浮雕图案和其他细节。实际应用包括拍摄工业产品的蚀刻代码，在人体摄影时强调拍摄对象的身体形状以及擦光技术（参见第 35 讲）。本讲中介绍一种简单有效的方法，采用暗场布光技术来拍摄硬币。

布 光

我用的是佳能 EOS Rebel T1i 和 EF 50mm F1.4 镜头，镜头安装在肯高（Kenko）三件套中的 21mm 延长管上。我还使用了曼富图 Magic Arm 魔术臂，三只装上 RF–602 触发器的非 TTL 闪光灯，以及自制的纸板筒。如果你愿意的话，也可以使用三脚架来代替魔术臂。我还用了一个气泡

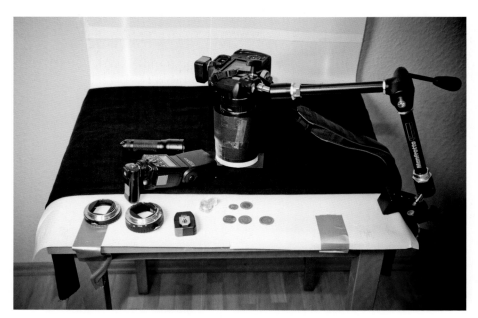

▲ 通用型 YN–560 外接闪光灯没有内置的 TTL 功能，必须手动控制。

▲ 暗场布光非常适于突出硬币上的浮雕图案。

佳能 EOS Rebel T1i │ EF 50 F1.4 镜头，安装在 21mm 延长管上 │ M 模式 │ 1/125 秒 │
ISO100 │ RAW │ 白平衡设为闪光灯模式 │ 三只离机闪光灯，在暗场中布光

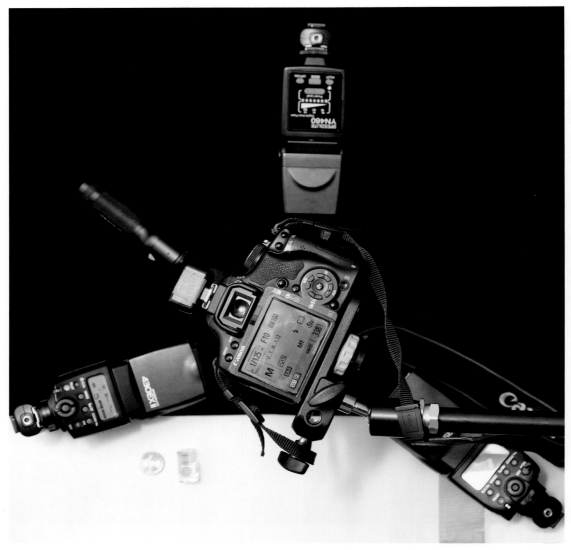

▲ 最后的布光，包括三只闪光灯，布放位置略微离开纸板筒。

水平仪，帮助保持相机水平。

　　纸板筒是整个布光的关键。我们使用胶带将其粘在一起。除了粘到底部边缘的半英寸宽的半透明纸可透过光线外，内部不可有其他光线。将纸板筒罩住硬币，将相机镜头从纸板筒顶端伸入。闪光灯透过半透明纸照亮硬币，因此硬币只会以鲜明的轮廓显示出表面的图案。在暗场灯光布光中，拍摄对象的表面看起来虽然较暗，但细节却得到强调。

相机设置和拍摄

对这类场景进行布光时需要一点耐心。我开始先把相机安装在魔术臂上，将气泡水平仪装到闪光灯热靴上。将相机切换到手动对焦、程序自动（P）模式及实时取景，接着擦亮硬币，并将对焦点设在有效范围的中间（这样稍后能够更容易微调对焦点）。然后，将卡纸板筒放置在拍摄对象和镜头之间。以实时取景模式对焦时，我将显示屏图像放大至 10 倍，并使用手电筒从侧面照亮拍摄对象。在这种情况下，必须调节对焦点，除了将相机与拍摄对象对准之外，每次还得根据需要拍摄几张。

一切都设置完毕之后，使用闪光灯触发器更换下水平仪，将相机设为手动模式，退出实时取景模式。在实时取景模式下，RF-602 闪光灯触发器与相机不能联动，但在手动模式下无法查看

▲ 我们的暗场灯光纸板筒，使用黑色卡纸和半透明复印纸条，花了 5 分钟制成。

显示屏，但这没有什么关系。为了确保最高的清晰度，我用反光镜预升和快门线来释放快门。请记住，使用反光镜预升时，必须按下两次快门。

因为半透明纸板筒可以作为内部反光板，这种布光可以使用单只闪光灯，当然，三只闪光灯以对称的星形图案布置，能够产生更平衡的灯光。为避免产生热点，可将闪光灯设置到最广角设置，并使用其内置闪光灯柔光罩。在闪光灯输出设置和曝光参数允许的前提下，将闪光灯尽可能远离拍摄对象。这可确保闪光灯发出的光线在整个拍摄对象表面的亮度保持一致。本实例的计算详见"附录 A"。

我使用的是 1/2 输出，距离纸板筒 60 毫米左右。这是一个相当极端的设置，让我可以使用 f/11 的光圈，在临界设置和最佳设置之间，这是比较好的折中（参见 www.slrgear.com，了解关于该主题的更多详细信息）。使用临界光圈并不是个好办法，由于魔术手臂会略微弯曲，导致拍摄对象距离会有所改变。使用较小光圈能够确保清晰的图像，而无须不断重新调整对焦点。

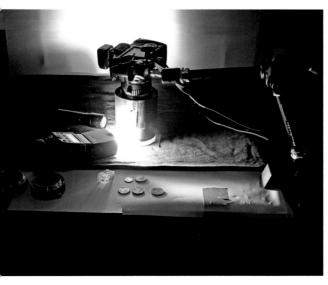

▲ 我们在布光工作中。你可以用单只闪光灯创建暗场布光效果和相对均衡的照明。

30mm 30mm
100% 25%

60mm 30mm 30mm
100% 56,2%

◀ 在实践中运用平方反比定律。增
加闪光灯与拍摄对象之间的距离，
也就等于将闪光灯的光线强度降低
到只有初始值的 56%，而不是在更
近距离的 25%（参见"附录 A"中
的示例计算）。

▲ 从左到右：原始图像、初步结果及最终图像，先进行拉直、裁剪和修
饰，然后增加对比度。该图像使用单只闪光灯拍摄。

在 Photoshop 中进行后期处理

我将照片拉直，选择硬币，并插入纯黑色背景。清除了灰尘颗粒，然后使用曲线工具增加对比度。

贴士、技巧及注意事项

▶ 暗场照明是工业环境中执行目视检查的标准工具，但通常使用的是 LED 灯或环形荧光灯，而不是闪光灯。在互联网上搜索"工业暗场检测"（industrial dark field inspection）可了解到更多信息。也有专门针对暗场布光而设计制造的闪光灯，例如佳能微距环形闪光灯精简版 MR-14EX。

▶ 该布光中所使用的曼富图魔术臂也并不便宜，当你进行大量桌面拍摄布光时，就知道这是一笔挺值得的投资。它不但稳定，而且可以中央锁定，还可以用来安装相机、闪光灯和反光装备。曼富图也有成套的魔术臂套件，包括相机平台、Super Clamp 超级夹具和 Backlite Base 支架。

▶ 打亮硬币有很多有效方式，暗场布光只是其中一种方法。向读者推荐一个非常棒的实例，使用自制灯光箱进行不同的布光来拍摄硬币：www.flickr.com/photos/tomd77/3951747640/in/set-72157603959095587，还可以访问：www.flickr.com/photos/tomd77/sets/72157603959095587/with/3951747640，了解一系列作品的效果。

第 18—24 讲
静物和产品拍摄

　　无论你是拍摄要在易趣网上出售的物品，还是为产品目录或其他项目制作更复杂的照片，闪光灯是在正确光线中体现拍摄对象的极佳工具。本节介绍如何使用反射闪光，如何搭建产品拍摄平台，如何有效拍摄自身容易反光的拍摄对象（例如手表和首饰），以及如何借助闪光灯使用造型闪光来强化作品。

第18讲
利用反射闪光拍摄静物

▶ 如何反射 TTL 闪光
▶ 使用黑泡沫软片柔化直射光
▶ 长距离反射闪光

因为内置闪光灯会产生刺眼且往往很不美观的效果，所以许多摄影师都会避免使用。使用直接闪光拍摄的人像看起来就像大头照，而其拍摄的产品又会显得太廉价。直接闪光不会漫射，会沿着相机的光轴直接传播，从而产生极短的阴影。光源的尺寸小也对产生的硬光起到推波助澜的作用，明显的解决方法就是扩大光源并改变其位置——只要将闪光灯对着墙面即可完成两项调整，墙面反射的光线就像透过窗户照射进来的日光。

反射闪光是一种可靠的技巧，不需要什么额外的设置，在婚礼以及其他活动时，如果没有时间进行布光或试拍，便可采用这个办法。其不足之处就是可能会有杂散光，还有反射光的色温以及有效范围等问题。

布　光

防止光线直接到达拍摄对象的最简单方法就是使用挡光片或挡光板，例如束光筒或尼尔·凡·尼克尔克那种超级棒的黑泡沫软片（参见第43页了解详细信息）。

▼ 使用直接闪光拍摄到的我们熟悉的那种乏味场景。

佳能 EOS 5D Mark II ｜ 50mm F1.4 镜头，设定至 f/5.6 ｜ M模式 ｜ 1/160 秒 ｜ ISO200 ｜ RAW ｜ 白平衡设定至自动模式 ｜ 机顶 TTL 闪光灯直接照射

▲ 只要掌握了如何定向机顶闪光灯，就可以用来产生很有吸引力的侧光。

佳能 EOS 5D Mark II｜50mm f/1.4 设定至 f/5.6｜M 模式｜1/160 秒｜ISO 200｜RAW｜白平衡设定至自动模式｜机顶 TTL 闪光灯，角度朝向左侧墙面，使用挡光板遮挡

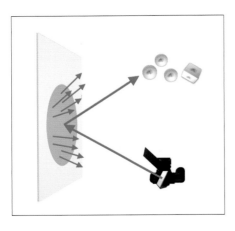 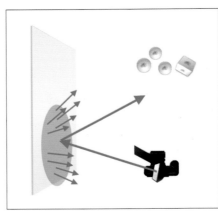

◄◄ 墙壁作为反射闪光灯光的反光板,它就像一个巨大的漫射光源一样。安装在闪光灯上的黑泡沫软片防止杂散光直接照亮拍摄对象。

◄ 改变闪光灯的角度,就改变了被反射光线的角度,从而影响了图像的外观。

如果不遮住闪光灯,一些光线会直接照亮场景。本页上面的示意图表示出反射闪光的几何性质,这或多或少都符合入射角 = 反射角这一规律。

相机设置和拍摄

场景布置完毕后,将闪光灯安装到相机上,再装上挡光板。可以将相机设置为自动模式(也就是将闪光灯设为 TTL 模式),然后就能拍了。自动模式的缺点是由相机来决定场景中包含的环境光有多少。

在本讲的示例中,我想完全抑制环境光。要做到这一点,我切换到了手动模式并调整曝光,然后进行试拍(没有闪光灯),拍到几乎全黑的

结果。试拍时采用 ISO200 和 400,使闪光灯保留足够的能力来回电并照亮更远距离的拍摄对象。我使用自动白平衡来补偿赭色墙面可能导致的偏色问题。对闪光灯要做的就是将其打开,然后选择 TTL 模式。一定要先试拍,如有必要,调整闪光灯曝光补偿(FEC)。如果需要更多的光线,尝试使用 +0.3 或 +1.3FEC。如果需要,可以调节闪光灯的角度。

像这种情况,可以使用更便宜一些的非 TTL 闪光灯,但拍摄对象距离和闪光灯角度的细微变化会使其难以产生一致的效果。由于平方反比定律的原因,距离上的细微差异对闪光灯的效果会有相当大的差异,需要耗费很多时间对设置进行

▼ 对环境进行初步试拍,不使用闪光灯进行拍摄,以便确认环境光已被抑制。

佳能 EOS 5D Mark II | 50mm F1.4 镜头,设定至 f/5.6 | M 模式 | 1/160 秒 | ISO200 | RAW | 白平衡设定至自动模式 | 没有闪光灯

▼ 使用装有黑泡沫软片的旋转式 TTL 闪光灯进行的相同拍摄。

微调。TTL 模式下的反射闪光效果最好，能够产生令人满意的效果，而不需要调整设置。利用反射技术是无须额外设备而且能够拍摄出漂亮闪光灯图像的最佳方式。事实上，本书中大多数的装备和布光照片都是使用反射闪光来拍摄的。

使用长距离反射闪光

一般来说，反射闪光最好用于短距离，因为墙面的反射特性通常不是很理想，反射的闪光严重降低了到达拍摄对象的光量。另一方面，目前的相机在高感光度设置时都会有非常不错的表现。请参见第 273 页上的示例计算，了解一下如何针对长距离反射使用高感光度值。对于这个例子，我按照前述设置完成一切，但选择了一个致使 TTL 闪光灯自动切换到全功率输出的光圈，所以我可以看到闪光能够到达多远。

你通常不会有时间（也不一定愿意）去计算每一次单独的曝光。但只要稍加练习，就能够学会判断拍摄对象相对于光线反射表面的距离，并且可以毫不费力地设定适当的感光度值。

▶ 利用长距离反射闪光的效果：① 以 ISO1600 试拍，查看环境光的效果；② 距离 1 米时以 ISO100 进行拍摄；③ 距离 2 米时以 ISO400 进行拍摄；④ 距离 4 米时以 ISO1600 进行拍摄。结果几乎相同。

佳能 EOS 5D Mark II | 24—105mm F4L 镜头，设定至 f/6.3 和 105mm | M 模式 | 1/125 秒 | ISO100、400 和 1600 | JPEG | 白平衡设定至自动模式 | TTL 反射闪光

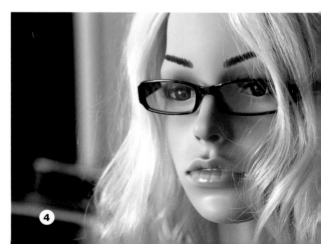

Bounce
Wall

4 m   2 m   1 m

◀通过较长距离的反射闪光。
你很快就能学会预测平方反
比定律的效果，并选择合适
的感光度值。

贴士、技巧及注意事项

由于 TTL 闪光灯具有测光功能，本讲中所述的方法在大多数情况下都很可靠。但是，如果你要掌握更多的闪光灯控制，可以随时使用 FE 锁定（佳能）或 FV 锁定（尼康，这两个术语意义相同，参见第 49 页）。拍摄肖像就是一个很好的闪光灯点测光真正派上用场的例子，因为你能够对拍摄对象的脸颊进行精确的测光。

在这个例子中，我还是使用了黑泡沫软片，这是尼克尔克发明的。在他的 Tangents 博客（neilvn.com/tangents）中，尼尔·凡·尼克尔克不仅详细说明了如何制作黑泡沫软片，还提供了大量宝贵的闪光灯经验和一般摄影技巧。我使用的是毛毡和泡沫制成的黑泡沫软片。这两种类型有各自的优缺点——泡沫版本（使用鼠标垫制成）有黏性，不易从闪光灯上脱落，而毛毡版本更易于转换和成形。做试验也非常有乐趣。也许你能用一些其他的材料做得更棒。附图所示为用毛毡和泡沫制成的 6×7 英寸黑泡沫软片，都使用扎头发的橡皮筋绑到闪光灯上。

▼由毛毡（左）和泡沫（右）制成的黑泡沫软片。

▲ 另一个会让反射闪光源源不断的实例。这张照片的拍摄方法与
第 145 页相同。

第19讲
为易趣网拍摄

▶ 使用白色柔光伞
▶ 轮廓光（或边缘光）布光
▶ 创造有效的反光
▶ 插入人造背景

当你考虑为易趣网拍摄商品需要什么装备时，摄影亮棚可能是你要考虑的第一件事。但是，姑且不论最小物品，如果摄影亮棚大到足以容纳任何东西的话，可能就会很贵，而且在如何布光方面会让你几乎没有任何余地可言。使用白色灯伞加上主灯会产生更优雅的外观，而且可以用补光或轮廓光来进行加强。可以使用一张大纸来搭造一个无缝的背景进行拍摄，也可以使用波纹铝板或瓷砖作为拍摄台。

镜子或有机玻璃板可能不会像你想象得那么有用，因为其表面会产生反光。带有光泽的塑料或金属板则有效得多。本讲中我用的是抛光蛋糕盘。这还不够大，无法作为完整的拍摄台和背景，所以我在照片编辑过程中创造了人造背景。请仔细阅读，了解我的方法。

布　光

最简单的产品拍摄布光包括单一的漫射光，在拍摄对象左上方，与拍摄对象呈30°—45°角。对于各位读者而言，产品摄影的第一步是可以用简便的三脚架作为灯架，使用胶带或软管夹将一只较便宜的白色灯伞安装其上，花费应该不超过

10美元。你可以使用闪光灯电缆、从属装置或便宜的无线电触发器来引闪你的闪光灯，可以使用纸箱或泡沫板作为简单的反光板。

在本例中，我使用了第二只朝向主灯的强调光闪光灯对照片进行强化。这种效果称为交叉布光，这是人像摄影中很流行的布光。打向拍摄对象边缘的强调光称为轮廓光（rim light），从侧面成直角照亮拍摄对象的光称为边缘光（kicker，像我在这里使用的一样）。为了简单起见，我把强调光闪光灯设为低输出，使用时无须额外的光效附件。

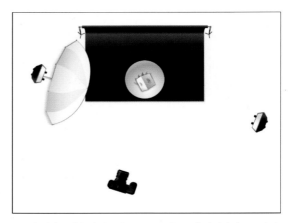

▲ 我们的产品拍摄布光示意图。可以看出具体的边缘光以及白色柔光伞中的主灯。

▲ 采用侧光和反光表面进行的简单产品拍摄就更有趣。

佳能 EOS 5D Mark II ｜ 24—105mm F4 镜头，设定至 f/16 和 75mm ｜ M 模式 ｜ 1/160 秒 ｜ ISO400 ｜ RAW ｜ 白平衡设为闪光灯模式 ｜ 两只离机闪光灯，一只透过白色灯伞引闪，另一只没有使用其他光效附件

▲ 在布光设置中可以看到使用抛光蛋糕盘作为拍摄台的装置。

相机设置和拍摄

易趣网产品照片应该使产品看起来很棒，并将这种感觉传达给潜在买家。其拍摄重点是从各种角度采用足够的景深来拍摄，因此，50—90mm 的全画幅焦距是最佳选择。

拍摄图示照片时，我把焦距设为 75mm，光圈设为 f/8。进行试拍后，我发现景深略有不足，因此将光圈设为 f/16，将感光度从 ISO100 提高到 ISO400（即相当于 f/8> f/11> f/16）。这些设置让我可以将闪光灯设在 1/4 输出，减少了回电时间，也因此不必过于频繁地给电池充电。对于我的全画幅相机来说，噪点不是个问题，即使是 APS-C 传感器的相机，这个感光度值下，噪点也不应该成为问题。

我将拍摄对象放在镀铬蛋糕盘上，形成我所希望的倒影。下一步要使背景和其他周围环境更具吸引力。

在产品拍摄面，有各种方法来改善背景。可以使用带有纹理的铝板或一块花岗岩作为拍摄台，也可以就使用一张纸来作为无缝背景。所有这些都可以和深色的远背景进行结合。此外，还可以从图像文件中将拍摄的物品进行抠图，提取出来，然后将其放置在用 Photoshop 创建的完全人工合成的背景中。

▼ 原始照片。整体灯光和反光都很好，但背景和拍摄台还需处理。

▲▲ 图像编辑步骤：
① 原始图像；
② 选定的对象；
③ 渐变背景；
④ 背景与插入的对象；
⑤ 渐变背景和没有拍摄对象的聚光灯；
⑥ 完成的图像；
⑦ 经过润饰和颜色调整后的最终图像。

在 Photoshop 中进行后期处理

如果你在使用 Photoshop Elements，可以使用快速选择工具和调整边缘对话框进行有效的选择。在 Photoshop 中，使用路径工具会得到更精确的结果。只要稍加练习，用不了 15 分钟就能完成像我们这样精确的对象选择。在我们的例子中，使用了两次不同的渐变和人工聚光灯来突出主体。我们还修饰掉其中的灰尘颗粒，调整颜色和对比度，让图像获得最终的观感。前一页的示意图说明了我们所采取的各个步骤。

贴士、技巧及注意事项

在 Photoshop 中可以使用标准工具或插件（例如 Flaming Pear 的 Flood）来创造镜像效果。如果想要效果看起来让人相信是真的，在拍摄时，相机的光轴必须极为贴近或平行于反光表面，并且与拍摄对象的表面成直角进行拍摄，我们的这个例子不符合这一标准。也可以取消人造倒影并

单独拉直各个表面，但这涉及很多的工作，如果你能在拍摄过程中花些时间创造出合适的镜面效果，就能避免繁杂的后期处理。

与通常一样，Flickr 是重要的技巧和窍门的来源。你可以查看单张照片的可交换图像文件格式（EXIF）标签，看看其他人的布光设置，还可以使用 Flickr Mail 发起对话。以下是其中一些较好的小组：

▶ 创意桌面摄影（Creative Tabletop Photography）：www.flickr.com/groups/creative_tab-letop_photography/

▶ 产品拍摄（Product Shot）：www.flickr.com/groups/994055@N23

▶ 产品摄影（ProductPhotography）：www.flickr.com/groups/product

▶ Product ART（艺术产品）：www.flickriver.com/groups/461653@N24/pool/interesting

▲ 只有当相机的光轴靠近反光表面并与拍摄对象成直角时，合成的镜像效果才会看起来很真实，但所示照片不是这样的。这张照片在拍摄时光轴与拍摄对象的角度太大。

▲ 在本例中，基本要求满足了，因此镜像效果看起来逼真。原始图像是使用第 150 页上列出的参数拍摄的。

第 20 讲
产品目录照片

▶ 经典的三灯布光拍摄
▶ 微调主灯，强调出拍摄对象细节
▶ 使用手动白平衡和滤光片，产生暖色调

本讲是建立在之前章节中简单布光基础之上的，说明了如何使用经典的三灯布光来打亮更复杂的拍摄对象。随后的微调步骤说明了如何加强刀刃的光，让图像更温暖，并使之更吸引人。

布　光

开始时，最好先像这样布光：将相机安装在三脚架上，在取景器中确定拍摄对象的位置，然后设置灯光。进行这张照片拍摄时，我先定位主灯，该灯安装在白色柔光伞的后面。我使用轮廓光时没有加光效附件，这是为了确保刀把的造型得到强调（请参阅第 150 页，了解轮廓光和边缘光术语的意思）。使用加上红色滤光片的闪光灯照亮木板，作为背景。

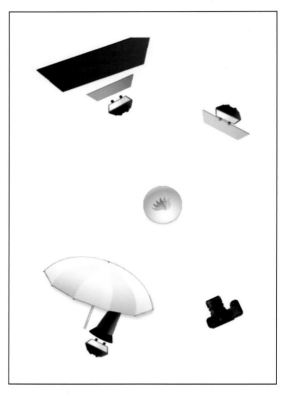

▲ 在布光示意图中可以看到主灯（在柔光伞后面，设置到长焦）、轮廓灯（设置为广角，加上黄色滤光片）和背景灯（加上红色滤光片，也是变焦设置）。

▶ 使用主灯、轮廓灯和背景灯拍摄的典型产品目录照片。

佳能 EOS 5D Mark II ｜ 24—105mm F4 镜头，设定至 f/10 和 88mm ｜ M
模式 ｜ 1/160 秒 ｜ ISO200 ｜ RAW ｜ 白平衡设定至阴影模式 ｜ 经典的
三灯布光

相机设置和拍摄

我在全画幅相机上采用 88mm 中焦设置，这会使拍摄对象看起来很自然。光圈是 f/10，为确保整个图像具有足够的清晰度，可将感光度设置为 ISO200，这样可以将主灯设到 1/4 输出，轮廓灯为 1/16 输出，背景灯是 1/8 输出。将灯光布置到取得满意的结果之后，开始精细调整布光：

▶ 刀片的刀刃还不够清晰，所以将黑泡沫软片束光筒加到闪光灯上，将反光板设置为长焦，然后试验调整柔光伞内闪光灯的位置，直到刀片得到很好的突出。

▶ 将背景灯的焦距设为 105mm 来强调其效果。

▶ 为了让刀上的木柄和黄铜具有温暖、豪华的外观，将白平衡设置为阴影模式。使用黄色滤光片盖住轮廓灯的一半，作为最后的润色。

▶ 最后，将相机稍微调整到更有动态的角度，改变背景灯的位置，使之更吻合布光设置。

▲ 从我们的布光可以看到，三只闪光灯挤在相对狭小的空间内。这没有什么，只有相机看到的效果才是重要的。

▲ 精细调整拍摄。柔光伞中的闪光灯装有束光筒，使我们能够精确定位灯光，强调刀片的刀刃。

▼ 我们图像的创作步骤：① 基本主光（刀片尚未强调）；② 轮廓光；③ 基本主光、轮廓光和背景光改善了整体外观；④ 最后布光，重新定位主灯，轮廓光加上黄色滤光片，暖色调的白平衡设置。

在 Photoshop 中进行后期处理

我在 Photoshop 中仅做了以下几项处理：根据黄金比例裁剪图像，利用晕影加强背景点光，将颜色和对比度调整出感觉。最后，清除几个灰尘颗粒，然后锐化需要进行输出的图像。

贴士、技巧及注意事项

如需了解有关产品摄影的更多讲习和教程，请访问以下网站：www.photigy.com。

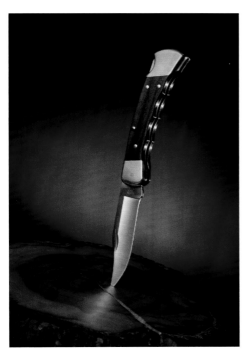
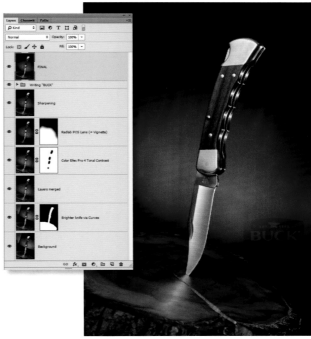

▲ 从左到右：原始图像、Photoshop 图层堆栈和最终完成的图像。

深度学习：
最佳对焦

无论是否使用闪光灯，使用大光圈时往往比较难以对焦。确保正确对焦的最常用方式是对焦和二次构图，这包括使用中央自动对焦点进行对焦并锁定对焦点，然后调整相机对拍摄对象进行取景。这是一种有用的方法，但存在改变拍摄对象相对于相机光轴距离的问题。

尽管中央自动对焦点通常在十字形传感器上能够同时对垂直和水平边缘对焦，但使用不同的自动对焦点进行对焦则会更有效。使用哪种对焦点作为最佳方式取决于镜头的焦距。镜头越长，

对改变视角的不利程度就越少，影响图像锐度的可能性也就越小。

通过取景器手动对焦往往不够精确，因为取景器图像的尺寸太小。将显示屏图像放大进行实时取景倒是更可靠的方法。对于静止的拍摄对象，联机拍摄（即使用 USB 连接将相机显示屏上的图像投射到笔记本电脑屏幕上）是一种很好的解决办法。最好不要使用自动对焦点功能，因为相机只会对焦在最近的对象上。这种方法经常会导致对焦失败。

▼ 对焦和二次构图方法在使用短焦距镜头时会产生对焦错误。距拍摄对象越近，焦距越短，错误就会越明显。

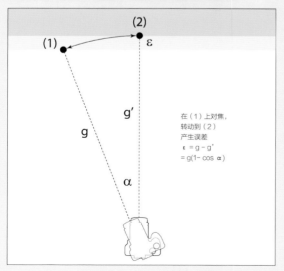

在（1）上对焦，
转动到（2）
产生误差
ε = g − g′
= g(1− cos α)

▼ 使用对焦测试图进行快速测试会告诉我们自己的镜头是否对焦准确。

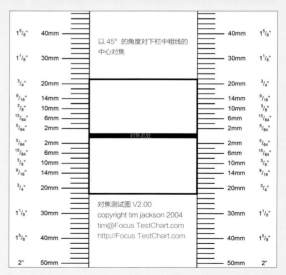

如果感觉自己的镜头对焦不准确，就应该进行测试。我使用的是可以免费下载的测试图：www.dphotojournal.com/focus-test-chart.pdf。如果测试显示出连续的错误，则应该将相机和镜头送到制造商处进行校准。一些高端相机带有内置校准表，可以在其中针对单只镜头输入相应的校正系数，但我发现这种方法并不完全精确。

在最大光圈下拍摄肖像是一项特殊的挑战。如果对拍摄对象的眼睛进行对焦，通常会得到比较好的图像，但自动对焦往往是对眼睫毛进行对焦。要解决这个问题，有一种方法是切换到连续拍摄模式。在拍摄了一系列的照片之后，如果拍摄时来回移动非常轻微，可保证至少有一张图像能够准确对焦。

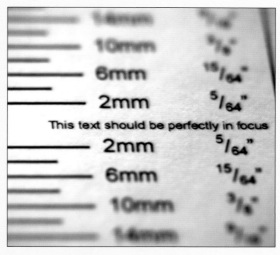

▲ 这张测试图显示出镜头对焦正常。

请记住，即使是最高端的镜头在最大光圈时也会出现成像较软的结果，但略微缩小光圈就会得到最佳的锐度。在景深非常浅的情况下，对焦会极为困难，其结果可能很不令人满意。

通过练习，你就会更好地了解自己的镜头，能够估测出在不同距离时用什么光圈会产生最佳效果，用什么光圈会不太好。

▲ 这张照片的对焦非常完美。小心，使用大光圈会上瘾！

第21讲
拍摄反光物品

▶ 简易造型灯光布光
▶ 如何拍摄反光表面
▶ 使用拼贴图像创作出有意境的照片

现在，我们已经了解了产品摄影的实际拍摄方面，本讲着重讲解如何创作出具有意境的照片。有意境的照片常用于广告，而且较之于传统的产品拍摄来说，通常没有那么实用；这类照片传达的切实信息不是很多，更多的是传达一种情绪氛围。拍摄手表和首饰时，由于产生的反光难以控制，因此有些棘手。大多数从事这类工作的摄影师都会使用摄影工作室闪光灯，加上造型灯和高端的微距或移轴镜头。本章介绍如何使用更简便的装备创造出相似的效果。造型灯是布光的重要组成

部分，可以让你在密切注意拍摄对象反光的同时来调整布光。

布 光

我们把一块手表放置在黑色天鹅绒上，使用黑卡来形成金属外壳的深色强调。然后，将相机安装在三脚架上，使用50毫米镜头加上偏振镜，一起安装在微距延长管上。尽管这并不能消除金属产生的反光，但偏振镜有助于减少玻璃和其他光泽表面上不需要的高光。

相机设置和拍摄

放大相机显示屏，以实时取景模式进行近摄对焦最为容易。在手动模式时，有些数码单反相机显示屏上不会显示有效的实时取景图像，因此必须使用自动模式来对焦，然后再切换回手动模式进行曝光。这台相机在实时取景模式下时，我的永诺RF-602无线电触发器就没法使用。

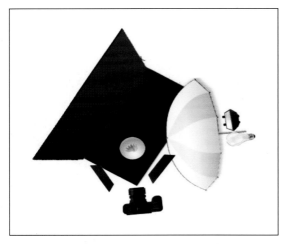

▲ 在我们的手表拍摄布光图中可以看到，柔光伞中有离机闪光灯和我们用作造型灯的夹式点光灯。两块小挡光片用于强调金属的深色。

▲ 细节照片，传达出广告中流行的那种强烈感觉。

佳能 EOS Rebel T1i ｜ EF 50mm F1.4 镜头，设置到 f/7，使用延长管
和偏振镜 ｜ M 模式 ｜ 1/125 秒 ｜ ISO100 ｜ JPEG｜ 白平衡设定至自动
模式 ｜ 安装在三脚架上，在实时取景模式下手动对焦 ｜ 离机闪光灯，
透过白色柔光伞引闪

▲ 我们的手表拍摄布光图。

▲ 其中一张未经处理的细节照片。

▲ 最终处理之前的拼贴图像。

在 Photoshop 中进行后期处理

    要创造出预期的效果，像这样的拍摄还有待完善。在这种情况下，我使用仿制图章工具来修饰明显的划痕和灰尘颗粒，并在每个金属表面增加了一些模糊处理。然后，从一组细节镜头中选出照片来创作拼贴图像。处理步骤如下：

▶ 按照黄金比例进行裁剪。

▶ 修掉划痕和灰尘颗粒。

▶ 统一并柔和处理金属表面。

▶ 创建拼贴图像。

▶ 使用 RadLab Photoshop 插件对图像色调进行润色和精细处理 [Oh、Snap：75%，Prettyizer：100%，Super Fun Happy：61%，Warm It Up、Kris：88%（译者注：这些是 Photoshop 的一个付费调色滤镜插件 RadLab 中一些动作的名称，尚未有中文版）]。

▶ 锐化图像，进行输出。

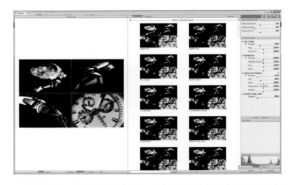

▲ 在 Photoshop 中正在进行的操作，可以看到我们用来给图像进行最后润色的 RadLab 插件。

贴士、技巧及注意事项

明·泰恩（Ming Thein）是拍摄高反光手表和首饰图像的专家。我们可以在他的 Flickr 照片流中浏览到他的布光和效果：www.flickr.com/photos/mingthein/843974766/in/photostream。我使用了类似的布光方法创作出一些自己非常满意的图像。

▲ 使用明·泰恩三角形乳白色有机玻璃装置进行的布光。

▶RAW 转换之后、尚未后期处理之前使用三角形布光装置拍摄的图像。

▶ 使用明·泰恩的布光方式拍摄，并插入新背景后，经过色彩调整的完成图像。

佳能 EOS Rebel T1i │ EF 18—55mm f/3.5—5.6 IS 镜头，设定至 53mm 和 f/14 │ M 模式 │ 1/125 秒 │ ISO100 │ RAW │ 白平衡设定至自动模式 │ 三只离机闪光灯和三块乳白色有机玻璃柔光板

第 22 讲
半透明逆光中的香水瓶

香水瓶是很有吸引力的物品，非常适合测试新的灯光布光。在本讲中，我使用了蓝色香水瓶，配上作为背景的蓝色海洋珍珠（吸水珠）。逆光是明显让香水瓶和珍珠大放异彩的技巧（参见第 30 讲"逆光水果"，了解相似的布光）。在这种情况下，第二只闪光灯打亮背景，我使用了移轴镜头来调整焦平面。由于完成的图像给人的感觉比较单调，所以我在 Photoshop 中增加了一个颜色渐变，以使其丰满一些。

布 光

基本布光很简单，只用了 5 分钟左右的时间便布置完毕。我将一块半透明有机玻璃板放在两本大书上，然后将盛着珍珠和香水瓶的玻璃盘放在上面，使用闪光灯从下面照亮玻璃盘。我决定以一定的角度进行拍摄，所以使用第二只闪光灯打亮背景，否则就会太暗。进行了几次试拍之后，我决定在主闪光灯上覆盖一张白纸使灯光柔和一些。拍摄这张照片时，我使用了 80mm 的 Lensbaby Edge 80 镜头，安装在 Lensbaby Composer 上，这样我可以倾斜光轴。这种移轴镜头利用沙姆定律（Scheimpflug principle）来改变焦平面，创造出各种有趣的效果。在这张照片中，我用这只镜头来提供非常浅的反沙姆定律焦点场。

▲ 布光示意图：主闪光灯从下面打光，还有辅助的背景闪光灯。

▲ 香水瓶成为时尚摄影题材。这是一张使用移轴镜头在逆光中拍摄的香水瓶。

佳能 EOS 5D Mark II ｜ Lensbaby Edge 80mm 镜头（安装在 Lensbaby Composer 上），设定至 f/2.8 并进行移轴来创造出反沙姆定律效果 ｜ M 模式 ｜ 1/125 秒 ｜ ISO50 ｜ RAW ｜ 白平衡设定至自动模式 ｜ 两只非 TTL 离机闪光灯，通过 RF-602 无线电触发器引闪

▲ 我们的布光总览图。第二只闪光灯打亮背景并将焦距设置为 105mm。

▲ 可以看出相机上装有 Lensbaby Composer 和 Edge 80 镜头，以及液晶放大器。

相机设置和拍摄

Lensbaby 需要手动设置其光圈和对焦点。我更喜欢使用显示屏放大镜和放大 10 倍的实时取景图像来进行这项操作。以实时取景模式进行取景和对焦时，需要使用相机上的其中一种自动曝光模式。切换到手动模式后，请记得关闭实时取景模式。如果未能关闭实时取景模式，RF-602 无线电触发器就不会与相机工作（注：这个问题是佳能 5D Mark III 固有的缺陷）。

我对逆光闪光灯从 1/16 输出开始，然后使用一张白纸盖住闪光灯并将感光度调整为 ISO50 后，才对结果比较满意。

在 Photoshop 中进行后期处理

不难看出未经处理的图像需要裁剪，而且颜色有偏差，感觉呆滞。为了纠正这些问题，我们在 Photoshop 中进行了以下操作：

▶ 使用裁剪工具按照黄金比例进行裁剪。

▶ 使用自动色阶进行调整。

▶ 使用颜色加深混合模式从左侧增加一个暖色渐变。

▶ 添加文字，使图像看起来更像广告。

▶ 锐化需要进行输出的图像。

贴士、技巧及注意事项

拍摄时也可以在闪光灯上使用滤光片来创造出类似的颜色渐变，但可能不会很精确。你必须考虑到哪种效果需要在布光中创造出来，哪种效果可以在后期处理中比较容易实现。无论怎么后期处理也无法让人一点儿也看不出来人为的因素，因此必须在拍摄过程中正确设置对焦以及灯光的方向和品质。

如果你不打算购买 Lensbaby 镜头，可以采用 freelensing 这项技术进行试验。手持定焦镜头将其放在相机的镜头卡口附近，然后改变镜头方向，但要小心！我的一台相机的反光镜就是这么损坏的。

在本讲中提到的反沙姆定律技术方面，以下这两个 Flickr 小组提供了进一步的见解：

► Lensbaby Edge 80 Optic: www.flickriver.com/groups/1964552@N23/pool/interesting

► Freelensing: www.flickriver.com/groups/freelensing/pool/interesting

► 显示出其他颜色渐变的图层堆栈。

▼ 使用相同布光拍摄的同一张照片的另一个版本，在 Photoshop 中对香水瓶进行重新着色。

第 23 讲
木吉他

▶ 寻找一个有趣的视角
▶ 用自制的微型柔光箱产生双向双边缘光的布光效果

如果打算使用乐器图像作为 CD 封面或类似用途，对乐器图像的细微对焦效果会很精美。越接近拍摄对象，效果就会越极致。在本讲中，我们着重于吉他的琴头，极端的消失点透视效果增强了浅景深的作用。我用的是佳能 EOS Rebel T1i（EOS 500D）APS-C 相机和 EF 50mm F1.4 镜头。拍摄采用手动模式，1/125 秒，这对于 1/200 秒的相机闪光灯同步速度，留出了很大的余地。灯光采用四只很便宜的永诺 YN-460 闪光灯，使用 CTR-301 无线电触发器引闪，这种触发器已经停产，取而代之的是更强大、更可靠的 RF-602。

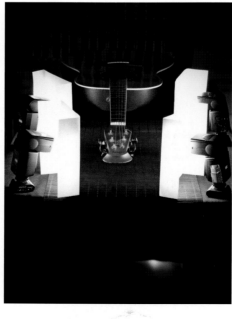

◀◀ 在布光示意图中可以看到，四只非 TTL 闪光灯分为两对进行布光。每只闪光灯透过折叠着的复印纸引闪。

◀ 实际布光：四只非 TTL、热靴型闪光灯；吉他每侧分别放置两只。闪光灯安装在相应的无线电接收器上，使用白纸来实现柔光效果。

▲ 具有意境的吉他照片，使用双边缘光布光方式。

佳能 EOS Rebel T1i ｜ 50mm F1.4 镜头，设定至 f/6.3 ｜ M 模式
｜ 1/125 秒 ｜ ISO100 ｜ RAW ｜ 白平衡设定至自动模式 ｜ 四只离机、
非 TTL 闪光灯，通过永诺无线电触发器引闪

布　光

我们将吉他平放在台面上，以双边缘光形式使用两对闪光灯布光将其围住，使用折叠的复印纸作为柔光工具来柔化光线。

▲ 原始图像。灯光和对焦都很好，但还需要一些修饰。

相机设置和拍摄

光圈选择 f/6.3，对于这样的浅景深效果似乎略小，但相机靠近拍摄对象，因此实现了这种效果。如果我们选择了更大的光圈，吉他的琴颈和琴体就会面目全非。像以前一样，先不使用闪光灯，进行最初的试拍，以确保周围环境光线足够亮。然后开始以 1/4 输出测试闪光灯，并进行微调。拍摄照片时采用的是手持方式，因此在后期处理时需要拉直图像。

在 Photoshop 中进行后期处理

以下是我所执行的步骤：

► 拉直、裁剪，并在图像边缘添加缺失的背景像素。

► 精细加宽吉他琴体。

► 修掉吉他琴头下面的绿色支撑，修掉划痕和灰尘颗粒。

► 稍微增加图像饱和度，提高对比度。

► 调整颜色。

► 锐化需要进行输出的图像。

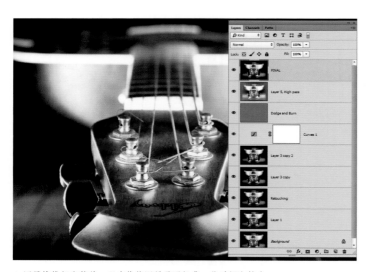

▲ 图层堆栈相当简单。只有修饰图层需要耗费一些时间和精力。

深度学习：
使用 TTL 闪光灯的
优缺点

下一讲我会讲解如何结合手动闪光灯输出设置来使用造型灯。这就提出了一个问题：什么时候最好使用 TTL 模式，什么时候坚持手动模式？

在下列情况下最好使用 TTL 模式：

▶ 当你需要迅速开展工作，比如在婚礼或其他快节奏的活动中，因没有时间进行复杂的设置或试拍时，TTL 是必不可少的。

▶ 当拍摄对象的距离不断变化时，TTL 在手持情况下也极为有用。每当拍摄对象的距离变化时，都需要调整手动闪光灯。

▶ 出于同样的原因，TTL 闪光灯也非常适合于移动的物体——例如，当你使用手持式柔光箱或在跑道上拍摄模特时。在这些条件下，手动闪光灯设置会耗费太多的时间。

在其他大多数情况下，我更喜欢手动设置自己的闪光灯。这种方法更加精密，会得到自己想要的准确的光量。当然，也可以使用 FEC 对任何变化进行补偿，但这会增加后续拍摄中 TTL 测光偏差的风险。与其耗费时间进行补偿设置，还不如手动设置闪光灯。

▼ 对于运动的主体来说，TTL 模式是最佳选择。拍摄这张照片时，我使用的是安装在柔光箱里的佳能 Speedlite 430EX Ⅱ 闪光灯，使用 33 英尺螺旋型 TTL 闪光灯电缆线引闪（布光与第 2 讲相同）。

佳能 EOS Rebel T1i（EOS 500D） | EF 50mm F1.4 镜头，设定至 f/1.8 | M 模式 | 1/50 秒 | ISO200 | RAW | 点测光，采用 FE 锁定和人工智能伺服自动对焦（AI Servo AF）

第 24 讲
摄影工作室风格的造型光

▶ 如何使闪光灯像造型灯一样
▶ 使用造型闪光对简单的桌面场景打光

　　除了其输出较低之外，使用便携式闪光灯的主要缺点之一就是没有造型灯，而摄影工作室闪光灯则不存在这个问题。造型灯是连续光源，可帮助摄影师在引闪前观察闪光灯会产生的阴影、高光和反光。如今，佳能和尼康的高端闪光灯都内置了造型闪光，会发出一系列的弱闪光来模拟传统的造型灯（参见第 35 讲）。佳能的造型闪光可以通过按下相机机身上的景深预览按钮来激活。

　　如果闪光灯安装在相机上，这很好办，但要在离机闪光灯上使用这项功能并手动调整闪光灯输出，就需要采取略微不同的方法。

布　光

　　对于这种布光来说，我一直信赖的 RF-602 无线电触发器还不够智能，所以就得使用佳能 ST-E2 红外发射器（或具有相同名称、但更便宜些的永诺型号）将数据传输到闪光灯上。两个装置均安装在柔光伞内的转环上。

相机设置和拍摄

　　我将佳能 Speedlite 430EX II 闪光灯设为通道 4 和手动模式（将模式按钮按住 4 秒钟）。将闪光灯输出手动设置为 1/8，几次试拍之后进行微调。然后以同样的方式设置佳能 Canon Speedlite 580EX II 闪光灯并微调输出设置。最后，将永诺 ST-E2 发射器安装在相机上并将其设置为通道 4。这样设置之后，我就可以通过按下相机上的景深预览按钮来触发造型闪光。造型闪光的强度取决于你所选定的闪光灯输出设置。

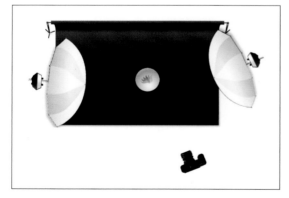

▲ 桌面场景布光示意图：两只离机佳能闪光灯安装在柔光伞内。

▶ 利用造型闪光，采用两只离机闪光灯布光打亮机械臂模型的桌面场景。

佳能 EOS Rebel T1i ｜ 腾龙 18—270mm f/3.5—6.3 镜头，设定至 50mm 和 f/9 ｜ M 模式 ｜ 1/200 秒 ｜ ISO100｜ RAW ｜ 白平衡设为闪光灯模式 ｜ 两只离机闪光灯，使用永诺 ST-E2 引闪

▲ 我们的桌面场景：两只佳能离机闪光灯安装在柔光伞内，使用永诺
ST—E2 引闪。摄影师手中的动作表现出造型闪光的频闪效果。

在 Photoshop 中进行后期处理

尽管本讲只是讲述了关于造型光的内容，但在制作完成图像时，后期处理步骤仍然很重要。

我们所执行的步骤如下：

▶ 常规清除操作，包括去除灰尘颗粒和划痕。

▶ 调整，拉长，加强背景和反光。

▶ 使用 Totally Rad 中的 RadLab 插件进行全面强化。

▶ 锐化需要进行输出的图像。

贴士、技巧及注意事项

其实，拍摄左上方那张布光照片比拍摄本讲中的特色图像要难得多。因为想要捕捉到造型闪光的频闪效果，我不得不使用第二套安装在三脚架上的相机，除了设置为 B 门模式外，还要使用快门线。我还需要三只手：一只在镜头前挥舞（用于频闪效果示范），一只用来释放第二台相机的快门，还有一只要按下主相机上的景深预览按钮！房间里一片漆黑，造型闪光持续了大约 1 秒钟。

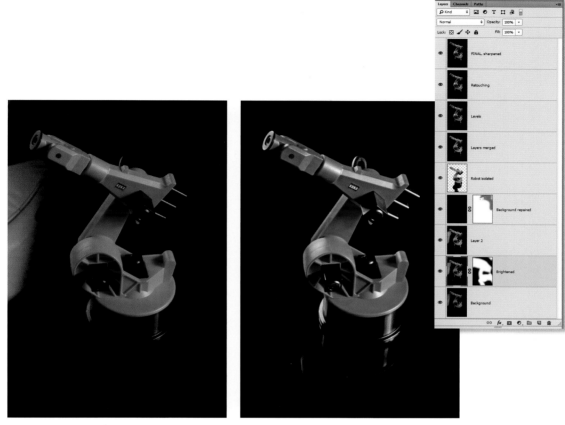

▲ 机械臂玩具照片后期处理前后对比及相应的图层堆栈。

第 25—35 讲

美食照片：
最重要的成分就是光

　　食品摄影很不容易。如果够幸运的话，你有一扇朝北的窗户，能够提供充足的日光，否则，就得使用闪光灯。本讲会展示如何以最少的装备创作外观精致的美食照片。

第25讲
基本的美食照片闪光灯布光

▶ 在家里和其他室内时，如何在低照度情况下拍摄出诱人的美食照片
▶ 机顶闪光灯和内置闪光灯的光线反射

每个人都喜欢美食，业余厨师和美食博主的数量与日俱增。没有什么能比看起来非常美味的照片更吊人的胃口了。只要条件合适，这类照片很容易被拍摄到。拍摄外观诱人的美食照片时，你需要的是日光或主灯、反光板、轻微的曝光过度，以及大光圈！但如果你要在白天工作，还得晚上做饭和拍照，事情就有点棘手了。虽然连续光是一种可行的解决方案，但模拟日光的 HTI 灯具太昂贵，而且普通节能灯泡绝对会使食品看起来大

倒胃口。摄影工作室闪光灯提供的可见光谱非常适于这项工作，但也是非常昂贵，而且布光很难操作。使用自己现有的装备会怎么样？使用系统闪光灯，甚至是相机内置的弹出式闪光灯也会奏效。这听起来不大靠谱，但确实很有效，前提是你得知道如何正确地使用。本讲中介绍了如何使用单只闪光灯、鼠标垫和一两块泡沫板（甚至白色墙壁）进行有效的美食照片布光，营造出柔柔的日光感觉。

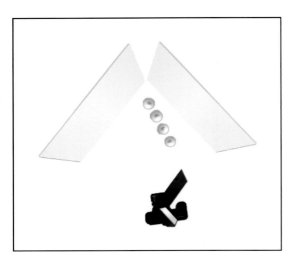

▲ 我们基本的美食布光示意图：经过反射的机顶闪光灯。

▶ 只要你充分发挥，使用机顶闪光灯，就能够以柔和的侧光拍摄出诱人的美食照片。（参见第 1 讲）

佳能 EOS Rebel T1i ｜ EF 50mm F1.4 镜头，设定至 f/1.6 ｜ M 模式 ｜ 1/100 秒 ｜ ISO100 ｜ RAW ｜ 白平衡设为闪光灯模式 ｜ 佳能 Speedlite 430EX II TTL 机顶闪光灯 ｜ FEC 设定至 +1.33EV

▲ 我们的布光：两块泡沫反光板和固定在机顶闪光灯上的黑泡沫软片。

机顶 TTL 闪光灯：相机设置和拍摄

对于这种类型的拍摄，需要尽可能地抑制环境光，否则通常会产生错误的色温以及出现来自错误方向的光线。我将相机设置为手动模式，选定能够消除环境光的参数，试拍几张，检查自己的设置。然后安装上闪光灯并切换到 TTL 模式。我试拍的照片曝光充分，但灯光的观感很糟糕，刺眼的正面光线充满了整个画面。在接下来的尝试中，我将曝光调整到 +1.33EV FEC，使照片看起来更开放、更诱人。

布　光

机顶或弹出式闪光灯与昂贵的摄影工作室闪光灯产生的光谱是相同的，非常接近于日光，因此非常适于食物拍摄。当然，附属闪光灯的输出比摄影工作室装备更低，但是，对于本讲中的如此之近的距离，一点都不妨碍。在基本形式的布光中，机顶闪光灯不是特别适合于食品摄影，这是因为光源的尺寸小，而且光线方向沿着相机光轴会产生短而硬的阴影。明显的解决办法就是改变闪光灯的光线，让它看起来好像来自更大、更柔和的光源。最简单的方法是用大反光板来反射，并使用黑泡沫软片（参见第 43 页）防止其直接照射到拍摄对象。进行这次拍摄时，我使用了两块泡沫板：一块作为反光板，另一块从另一侧产生补充的强调光。如果是在白色墙壁的房间里拍摄，可以用墙面来产生同样的反射效果。

拍摄这些照片用的是佳能 EOS Rebel T1i 相机和佳能 Speedlite 430EX II 闪光灯。对于接下来的照片，我甚至用了相机的内置闪光灯。

▲ 以手动曝光设置、不使用闪光灯进行试拍测试，确保环境光得到抑制。

佳能 EOS Rebel T1i ｜ EF 50mm F1.4 镜头，设定至 f/1.6 ｜ M 模式 ｜ 1/100 秒 ｜ ISO100 ｜ RAW ｜ 白平衡设为闪光灯模式 ｜ 没用闪光灯

▲ 左：使用 TTL 闪光灯但没有反射，曝光和光线方向都是错误的。右：采用 +1.33EV FEC 进行的相同拍摄。这个版本看起来更好一些，但是光线的方向，以及产生的又硬又短的阴影仍然不正确。

佳能 EOS Rebel T1i ｜ EF 50mm F1.4 镜头，设定至 f/1.6 ｜ M 模式 ｜ 1/100 秒 ｜ ISO100 ｜ RAW ｜ 白平衡设为闪光灯模式 ｜ 佳能 Speedlite 430EX II 机顶闪光灯，设为 TTL 模式 ｜ 0EV FEC（左图）和 +1.33EV FEC（右图）

▲ 这是最后的版本：闪光灯被放置在拍摄对象右侧的泡沫板反射，任何直射闪光灯光均被安装在闪光灯上的黑泡沫软片阻断，结果是被柔和的侧光专门打亮的场景。

佳能 EOS Rebel T1i ｜ EF 50mm F1.4 镜头，设定至 f/1.6 ｜ M 模式 ｜ 1/100 秒 ｜ ISO100 ｜ RAW ｜ 白平衡设为闪光灯模式 ｜ 佳能 Speedlite 430EX II 机顶闪光灯，装有黑泡沫软片 ｜ 泡沫反光板 ｜ FEC 设定至 +1.33EV

这张照片看起来好多了，但是光线的方向不是我想要的。为了解决这个问题，我转动闪光灯朝向泡沫反光板，使用黑泡沫软片阻断任何其余的直射光线。这么简单的一步操作便将闪光灯转变为更大、更柔和的光源。光线现在来自侧面，令玻璃杯中的番茄汁大放异彩。

要得到这样的拍摄照片，所需要的闪光灯曝光补偿量会根据具体的闪光灯和具体的场景而不尽相同，所以你得自己尝试，找到自己的解决办法。介于 +0.3 和 +1.33 之间的值通常即可解决问题。

弹出式闪光灯：相机设置和拍摄

使用弹出式闪光灯也能够使用同样的反射技法，但是，由于弹出式闪光灯不能转动，需要采取不同的方式来改变光线方向。我使用内侧覆盖有反光胶带的黑泡沫软片，将其改造成一块银色泡沫软片。通常可以使用扎头发的橡皮筋将黑泡沫软片固定到闪光灯上，但是对于弹出式闪光灯而言，就不得不手持了。只要稍加练习，你会发现，用鼠标垫制成的银色泡沫软片很容易手持和操控。

▲ 弹出式闪光灯不能旋转，所以我手持覆盖有反光胶带的黑泡沫软片来改变光线的方向。

◄◄ 弹出式闪光灯的拍摄布光：可以看到玻璃杯和闪闪发光的红丝带，我们用这些来产生背景虚化效果。

◄ 弹出式闪光灯布光示意图：覆盖有反光胶带的黑泡沫软片（现在是银色泡沫软片）。

如果你知道如何操控，使用弹出式闪光灯就可以拍摄出这种照片。

◀ 苹果照片的布光，再次利用反射的闪光。背景中的玻璃杯用来产生背景虚化效果。

其余部分的布光像前一张番茄汁玻璃杯一样。我们再次使用一块泡沫板作为反光板（墙面效果也会很好），以及与第一块相对的第二块泡沫板，使阴影亮一些。拍摄时我增加了一些玻璃杯，然后用大光圈创造出背景虚化效果。

贴士、技巧及注意事项

机顶 TTL 反射闪光灯技术使用起来很简便，易于掌握，非常适于在餐馆里拍摄食物的照片，但要反射弹出式闪光灯可能会比较麻烦，需要进行实践试验。弹出式闪光灯也没有那么强大，所以可能需要使用闪光灯曝光补偿或提高感光度设置，才能获得满意的结果。如果你的预算允许，买一只你相机制造商生产的、带旋转头的 TTL 闪光灯则是最好的选择，当然，你也可以使用这种类型的离机闪光灯（参见下一讲中的例子）。

只有在你使用弹出式闪光灯时，才必须配备银色挡光板。要遮挡能够旋转的闪光灯，使用未经改造的黑泡沫软片就很容易实现。

▶ 我认为很难看得出这张照片是用机顶闪光灯再加上几个简便的附件拍摄的。

佳能 EOS 5D Mark II ｜ EF 50mm F1.4 镜头，设定至 f/1.4 ｜ M模式 ｜ 1/125 秒 ｜ ISO100 ｜ RAW ｜ 白平衡设为闪光灯模式 ｜ 佳能 Speedlite 580EX II 机顶闪光灯设定至 TTL 模式 ｜ +1.66EV FEC ｜ 拍摄时使用黑泡沫软片阻断直射闪光灯光

第26讲
一套简便的离机闪光灯布光

▶ 简易反光板和柔光板
▶ 如何使用单只逆光灯营造出迷人的效果
▶ 夜晚在餐馆里，如何使用闪光灯快速、不显眼地拍摄

好餐馆里的专业厨师制作的美食不但味道好、令人胃口大开，而且也是绝佳的拍摄主题。如果在白天你有一张靠窗的餐桌，拍摄食物则比较简单，但是在夜晚光线下想要进行有效的拍摄，这几乎是不可能的。餐馆灯光不具备拍摄有效图像所需要的光谱、方向和柔和度。

如果使用闪光灯，就会有很多选择。如果是坐在公开场合，在使用闪光灯前应先征求许可，但如果是坐在隔间或角落里，通常可以直接使用闪光灯进行拍摄。只要稍加练习，就能学会快速、悄悄地拍摄，因此不会打扰其他客人。一般来说，中低档餐馆对摄影师不是很介意，但高档场所往往不愿意让人们拍照。同时，如果你想要得到高品质的照片，就需要一个高品质的拍摄对象，因

◀▼ 在闪光灯与人造光环境下所拍摄的两张照片的优劣无可争辩！这两张照片是用同一相机拍摄的，但拍摄左边的照片时采用了 M 模式加上闪光灯，而右边的照片则使用了相机的自动曝光模式，没有使用闪光灯。两张图像均未进行后期处理。

▲ 在餐馆里闪光灯可以帮助你捕捉到美食的镜头。

佳能 EOS Rebel T1i ｜ EF 50mm F1.8 镜头，设定至 f/2 ｜ M模式 ｜
1/100 秒 ｜ ISO100｜ JPEG ｜ 白平衡设为闪光灯模式 ｜ 一只离机、非
TTL YN-460 闪光灯，使用 RF-602 触发器遥控引闪

▲ 另一张未经后期处理的餐馆照片。对焦和灯光都很好，但背景太暗，了无生趣。不过 Photoshop 可以提供解决办法。

此无论是否获准拍摄，你都值得一问。

前一讲中讲述了如何使用侧光来提高美食照片的品质。随着自己的技能提升，你会想从后面增加光线。在强调光或补光对面布置上直接或角度倾斜的逆光，能够保证获得精美的效果，但像这种使用机顶闪光灯的拍摄，无法进行布光。解决办法就是穿过柔光板来引闪离机闪光灯，最好在闪光灯对面使用另外的反光板。这听起来似乎比较复杂，但实际上相当简单。

布　光

我们的布光包括以对角线形式放置在拍摄对象后面的单只 YN-460 非 TTL 闪光灯，一只 RF-602 无线电触发器和两张复印纸；一张用来反光，一张用来柔光。我们将纸折叠使其立起来，将一张放在闪光灯前面，另一张与闪光灯相对，放在拍摄对象斜前面。如果没有白纸，也可以使用浅色的广告宣传单来代替。可以将闪光灯安装在无线电触发器上，或者放置在闪光灯旁边。

相机设置和拍摄

在这样的布光中，最好是几乎完全抑制环境光，让闪光灯来控制场景。在手动模式下，选择大光圈营造出一些背景虚化效果，选择 ISO100 确保低噪点，然后将曝光时间设为大约 1/125 秒。在人造光照亮的夜晚场景中，曝光时间短会抑制环境光，而且没有超过相机的闪光灯同步速度。像通常一样，先不使用闪光灯进行试拍，检查环境光的水平。

如果对设置很满意，则可以布置闪光灯和反光纸。由于靠近拍摄对象并使用大光圈，因此可以使用低输出设置。从 1/32 输出开始，如果试拍后感到略暗，则可稍微提高输出（请记住，一整挡增量会使光线量增加一倍或减半）。调整闪光

▲ 寿司和甜点拍摄时使用了与这种相同的布光。示意图中可以看到我们的离机逆光闪光灯和柔光纸，以及另外一张用来反光的纸。

灯距离和角度，优化拍摄的观感。经过一番调整、试验后，你就能够在两三分钟内完成布光并拍摄到像示例图这样的照片。

在找到正确的设置后，像这样的拍摄通常不怎么需要后期处理。但在我们的示例照片中，背景太暗并且比较沉闷。如果你有 Photoshop 或 Photoshop Elements，很容易插入一个全新的背景。在这种情况下，要获得最佳效果，可以使用强光混合模式，给拍摄对象加上蒙版，通过不透明度设置来调整背景颜色的强度。

在这个例子中，我们还使用仿制图章工具去掉了几处凌乱的细节，提高了对比度和自然饱和度，以低透明度增加了暖色调的滤镜。

▲ 使用 Photoshop 创作一个更有趣的背景。屏幕截图是我们所使用的蒙版和设置（强光混合模式，87%的不透明度）。

▶ 最终的结果是一张看起来非常美味诱人的照片，这是在一家餐馆里于 2 分钟之内经过简单布光拍摄而成的。

佳能 EOS 5D Mark II | EF 100mm F2.8L 微距镜头，设定至 f/4.5 | M 模式 | 1/125 秒 | ISO100 | RAW | 白平衡设定至闪光灯模式 | 离机、非 TTL 闪光灯，使用 RF-602 无线电触发器引闪

贴士、技巧及注意事项

　　美食照片中的背景非常重要——尽管在最终图像中背景是完全模糊的。背景中的饮料杯、闪闪发光的缎带和其他物品，都会营造出有趣而又迷人的虚化光斑，距离主体越远，混杂的圆圈也越大。通常，背景模糊时，美食照片最好看，所以拍摄时，理想的状态是长镜头、大光圈、拍摄对象距离近和背景距离远。专业美食摄影师大卫·洛夫特斯（David Loftus）通常使用中画幅相机，而 APS-C 或 DX 相机配上全画幅的 50mm F1.8 标准镜头也能创作出非常棒的美食照片来。只要你能真正地靠近拍摄对象，背景就会自动变模糊。

▶ 另一张激发你食欲的寿司照片。

佳能 EOS Rebel T1i ｜ EF 50mm F1.8 镜头，设定至 f/2 ｜ M 模式 ｜ 1/100 秒 ｜ ISO100 ｜ JPEG ｜ 白平衡设为闪光灯模式 ｜ 无线电引闪的离机、非 TTL 闪光灯

第 27 讲
复杂的美食照片闪光灯布光

▶ 如何构建逆光布光
▶ 使用 Translum 薄膜代替柔光箱
▶ 接受委托，给一家餐馆做拍摄工作

当地餐馆老板要我给他的网站拍一些照片，于是我开始寻找一种简便而可靠的布光设置，可以用来拍摄各种菜肴。经过搜索，我发现了托马斯·鲁尔（Thomas Ruhl）的布光（[1] www.tiny.cc/un7wlw），他使用 Translum 柔光背景幕和银色反光伞。我以更便宜和更便携的形式使用了同样的基本组件。

布 光

我使用闪光灯作为主灯和逆光灯，透过不起皱的苯乙烯塑料薄膜 Translum 引闪闪光灯。我将塑料薄膜安装在两个伸缩式油画杆上，这种油画杆从任何五金商店都能够买到，然后使用胶带将油画杆固定到拍摄台上。这种 Translum 薄膜很容易卷起，并可以调整闪光灯的位置和角度。

▲ 我们的布光示意图：两只闪光灯，使用餐桌作为拍摄台，一卷 Translum 薄膜安装在油画杆上。

[1] 尽管这是段德语视频，不过即使关掉声音进行观看，你也会明白他是如何布光的。

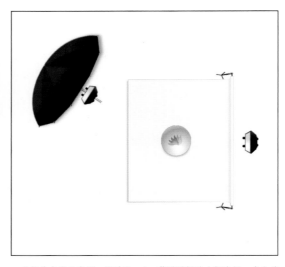

▲ 我们的布光示意图：透过 Translum 薄膜引闪的主闪光灯，在左前方的反光伞。相机的位置在场景的正上方，图中没有显示出来。

▲ 快速简便的美食照片。布光包括 Translum 薄膜和反光伞。

佳能 EOS Rebel T1i ｜ 腾龙 18—270mm f/4—5.6 镜头，设定至 f/8 和
46mm ｜ M 模式 ｜ 1/125 秒｜ ISO100｜ RAW ｜ 白平衡设为闪光灯模式

两只 YN-460 闪光灯（配有 RF-602 无线电触发器）使用曼富图 MA026 灯伞转接器安装在灯架上，第二只闪光灯朝向反光伞内。我使用自己一直信赖的佳能 EOS Rebel T1i 和腾龙 18—270mm 变焦镜头。在拍摄过程中，我站在梯子上向下拍摄拍摄对象。

相机设置和拍摄

这是另外一种布光，我们只希望有闪光灯光，而不需要环境光。在这种情况下，环境光的色温及其入射角都是不需要的。在 f/8、1/125 秒以及 ISO100 时拍摄应该得到锐利的低噪点图像，而且不怎么受到环境光的影响。与通常一样，先不使用闪光灯进行一些试拍，检查灯光平衡问题，然后添加逆光和反射的闪光。Translum 薄膜会减少

▲ 未经后期处理的原始图像（上）；经过一些微妙调整的同一图像（下）。

闪光输出 1—2EV，并且中等光圈需要向上调整闪光灯进行补偿。在这种布光中，灯伞的反射光不应当太突出而超过漫射光，所以从 1/4 输出起步就很好了，然后可以根据需要来调整设置。

这种布光非常简单，可以灵活地拍摄各种题材。相机的位置在拍摄对象正上方，因此不必每次拍摄都调整灯光，在拍摄台上方以斜对角线使用常规视角时才会需要如此。不寻常的视角和相当小的光圈排除了光圈和景深的问题，使用选定的光圈时，即便是中焦距镜头也会拍摄到完美清晰的图像。

在 Photoshop 中进行后期处理

如果灯光布置正确，基本上不怎么需要后期处理。对于这张照片，我先对图像进行了拉直和裁剪，然后去掉了几个多余的水珠，再检查一下不必要的伪影。我添加了细微的晕影进行润色，然后锐化最终图像。

贴士、技巧及注意事项

这次拍摄时，我们使用的是 18—270mm 腾龙镜头，该镜头具有最大可用的变焦范围。这只镜头使用起来很有意思，但与我们通常看到的有所不同，在整个图像范围内不会产生很高的清晰度。如果你知道自己在拍摄时很可能会使用哪个焦段，可以提前检查什么光圈会产生最好的效果。SLRgear（www.slrgear.com）列出了各种常用镜头的临界光圈。这次拍摄时，我使用的焦段在 55—70mm，f/8 光圈提供了最好的折中。在这样的情况下，f/11 的光圈也会提供必要的景深，但如果继续缩小光圈，由于镜头衍射问题，则会降低图像品质。

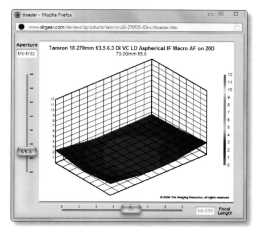
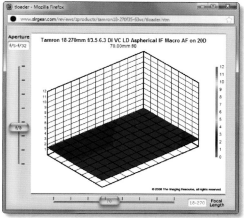
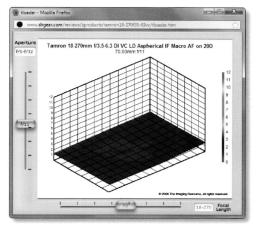
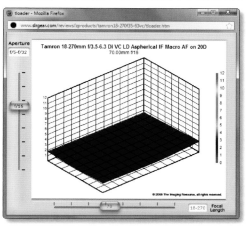

▲ 我们的腾龙镜头在光圈 f/5.6、f/8、f/11 和 f/16 时的解析度图形。亮粉色为佳，深蓝色则比较差。（插图由戴维·埃切尔斯提供，www.slrgear.com）

前文提及的托马斯·鲁尔使用曼富图生产的 BD Translum 薄膜，在欧洲可以买到。在美国可以找到 Savage Translum 薄膜来代替。我们从一家建筑设计商店找到了类似的产品。到你家附近的商店转转，看看能找到什么样的替代品。

我们照片中的背景是从五金店淘来的一块人造石板瓦。又便宜又容易清洗，实际上看起来甚至更好！

随后页面上的几张照片也来自同一次拍摄，这些实例都是为了向你介绍如何使用这套简便而又通用的布光。基本拍摄参数与第 197 页上的图像相同。

◄▲ 使用我们餐馆灯光布光拍摄的另外两张照片。

第 28 讲
像 Cannelle & Vanille 一样的灯光

▶ 如何使用反射闪光，营造自然光线效果
▶ 使用菜肴模型布置场景，并微调食品拍摄设置

很多优秀的美食摄影师在 Flickr 上展示自己的作品。其中我最喜欢的两位是 Cannelle & Vanille[阿兰·戈约伽 （Aran Goyoaga）] 和 IngwerVanille[斯维特拉娜·卡纳 （Svetlana Karner）]。他们使用巧妙的方式来让自己拍摄的美食看起来非常美味。阿兰和斯维特拉娜大多使用漫射的日光，所以我决定做一下尝试，使用闪光灯创造出类似的感觉。我的目标就是让事情尽可能的简单，在甜奶油流淌下来或沙司分开之前，增加自己拍摄到精彩照片的机会。其结果是：使用单只闪光灯在房间角落进行简单的布光。本讲最后的"贴士、技巧及注意事项"部分提供了有关如何进一步细化布光的建议。

布 光

阿兰和斯维特拉娜使用来自正面或侧面的漫射日光作为逆光，或者来自斜上方——具体取决于食物的情况。两位摄影师都在主光对面使用反光板来打亮任何不必要的阴影。他们的主光是朝北的窗户光，使用很大的柔光器具遮挡住窗户，例如床单。我会使用大型柔光箱放置在拍摄对象附近来重现这种类型的光，但我还有更简单的方法。

大部分房间里的墙壁都会像窗口或床单一样

大。如果墙面被漆成白色，那么利用反射闪光就能产生类似的效果。我已经制造出一些最好的效果，具体做法是将闪光灯光反射到墙角里，并在墙角对面使用反光板，以此打亮主光造成的阴影。在本讲中，我使用五合一反光板的银色面，将其安装在曼富图 Nano Clamp 夹具上，然后固定到

▲ 墙角反射布光示意图。

◀ 在黑暗的房间里，
只使用一只闪光灯而不
需要任何光效附件就可
以营造出看起来很自然
的光——这不是什么魔
术，只不过是运用了正
确的反射技巧而已。

佳能 EOS 5D Mark II ｜
EF 24—105mm F4 镜头,设
定至 f/9 和 96mm ｜ M 模
式｜ 1/125 秒 ｜ ISO100｜
RAW ｜ 白平衡设为闪光灯
模式 ｜ 一只离机闪光灯,
引闪到房间角落里

▲ 闪光灯引闪到墙角，银色反光板打亮阴影。尽管室外看起来很暗，但这是在白天拍摄的，快门速度较高，环境光有些欠曝。

三脚架上（也可以使用胶带）。

我的布光已经布置完毕，准备从上面拍摄。至少应使用长焦镜头的中焦段，防止场景看起来变形。我在地板上布置了场景，然后站在椅子上，与拍摄对象保持足够的距离。我使用了全画幅相机进行拍摄，将镜头焦距设在100mm左右。我确保自己尽可能与拍摄对象垂直，而且还要保证拍摄对象尽可能准确地在画面中央。

相机设置和拍摄

这个场景没有什么大景深，而且我也不想要模糊的背景，所以将光圈设为f/9，使用ISO100，以保持最低程度的噪点。我还使用了内置的广角扩散板，将佳能 Speedlite 430EX II 闪光灯设置为1/2输出。为了节省电池电量，减少回电时间，你可以减少一半的输出，再将感光度值增加一倍。像通常一样，先不使用闪光灯进行试拍，检查灯光的平衡情况，然后再用闪光灯进行试拍，使用永诺 RF-602 无线电触发器来引闪。

始终要使用看起来逼真的菜肴模型进行布置并微调食品拍摄设置。我进行试拍时，使用的是两碗生米。当你确信一切都准确设置好之后，加入真正的菜肴，然后在美食依然吊人胃口的时候抓紧拍摄！这是为了有效地拍摄到像冰淇淋、奶酥、奶油和啤酒泡沫照片的唯一好办法。

▼ 在真正拍摄之前，使用菜肴模型进行试拍并微调灯光布置情况。这是原始的试拍，未经后期处理。

在 Photoshop 中进行后期处理

我在 Adobe Camera Raw 中稍微调整了曝光，然后在 Photoshop 中进行了以下操作（大约花了 15 分钟）：

▶ 使用 Atrise Golden Section 工具将画面裁剪成黄金比例。

▶ 使用色阶对话框中的滑块稍微降低黑色。

▶ 对颜色稍加偏移，让图像看起来更酷（Cannelle & Vanille 经常使用的技巧）。

▶ 使用蒙版，在亮光侧添加负向晕影。

▶ 使用阴影 / 高光工具稍微提亮阴影，并进行细微的局部颜色和亮度调整。

▶ 锐化需要进行输出的图像。

▼ 原始图像（左），经过后期处理的图像（右）。虽然都是些细微的改变，但让图像看起来更干净、更通透了。

贴士、技巧及注意事项

以下是一些运用柔光、反光和反射闪光的技巧:

▶ 朝北窗户: 营造出柔和、均衡光线的一种流行方式, 在窗户前面挂上一条白色床单即可。甚至在夜晚也可以透过窗户来引闪闪光灯, 产生相同的效果。使用高输出设置或高感光度值(或两者同时使用)来再现朝北窗户的效果。你的邻居可能不知道这是怎么回事, 但这一切都是为了艺术!

▶ 反射闪光: 一些摄影师建议将闪光灯灯头向上斜, 将闪光从天花板反射下来。你自己可以尝试一下, 就会看到来自上面的光线不如来自侧面的光线那样讨人喜欢。如果你看一下日常情况, 就会发现,

最令人赏心悦目的光线都是靠近窗户、在阳台底下, 或在门口处的。这些情况下, 光线都是从上面被遮挡住了。有针对性的正面光会表现出场景的结构和轮廓。

▶ 反光板支架: 在第 204 页上部的照片中可以看到, 反光板固定在灯架上的夹具中。夹具和其他转接器、鹅颈夹具以及球头是一些不可或缺的辅助用具, 闪光灯摄影师收集这类用品在摄影工作室和外景拍摄时使用。下页上的照片是这类附件的一些实际应用场合。其中我最喜欢的一件工具就是曼富图的魔术臂(参见第 136页)。这个附件并不便宜, 但确实很实用。

▲ 多功能辅助附件具有无尽的用途：曼富图 386BC Nano Clamp 夹具
和 MA026 Lite—Tite 灯伞转接器，以及路华仕 19P 球头。

第 29 讲
模拟太阳

▶ 如何用简单的工具来模拟阳光
▶ 调整你自己的人造太阳光

食品和桌面拍摄的用光通常以类似于日光的光线为佳，并且其光线常常要调整得柔和一些。有一种最简单的方法能够产生柔和的光线，就是让光线透过柔光伞或使用反光板进行反射。如果你有意让一些闪光灯光线外溢出来，直接照亮拍摄对象，就会让拍摄场景看起来熠熠闪光，有一种阳光明媚的感觉。但是，这种做法的缺点是拍出的照片的对比度会增加，更难以控制，这往往会产生曝光过度的高光。在这种情况下，可以采用 RAW 格式进行拍摄。这会使照片留有余地，便于后期处理时调整阴影和高光的比例。

在本讲中，我们要讨论三种不同的布光，获得各种感觉的图像。

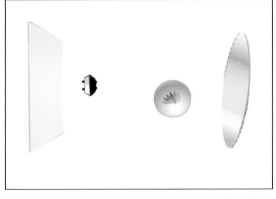

▲ 布光示意图：闪光灯朝向倾斜的天花板，反光板与光源相对。

第一种布光：相机设置和拍摄

对于第一个案例的柔光拍摄，我只是将闪光灯斜向白色的天花板，从上面反射下来斜光。我在闪光灯对面放上一个反光板，打亮阴影部分。

你需要对闪光灯与相机光轴之间的角度进行试验，直到找到合适的位置。对于来自拍摄对象上方的相机视角，这种布光不太合适（参见第 28讲），但来自侧面的话就充分模仿了朝北窗户的光线。我所用的镜头不会产生很大的背景虚化效果，但在其长焦端时，再结合大光圈和靠近拍摄

▲ 模拟来自朝北窗户的光线。

◀ 看起来温暖、自然的光线似乎来
自左侧窗户，但其实这来自闪光灯
的闪光！

佳能 EOS 5D Mark II ｜ EF 24—105mm
F4 镜头，设定至 105mm 和 f/4 ｜ M模
式 ｜ 1/125 秒 ｜ ISO250 ｜ JPEG ｜ 白
平衡设定至阴影模式 ｜ 离机闪光灯，
朝向左侧墙面

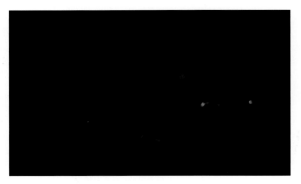

▲ 不使用闪光灯进行试拍，检查环境光是否已被抑制。

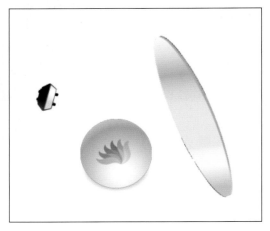

▲ 布光示意图：闪光灯穿过拍摄对象，直对着反光伞，照亮整个场景，并使对比度保持在可控程度上。一部分来自闪光灯的光线直接照射到拍摄对象。

对象，就会产生很好的柔和背景。

　　我使用了广角扩散板，在闪光灯上还使用了一小块光滑的塑料反光板，挡住一些向上直射的光线。将闪光反射以及使用柔光工具，能够明显减少到达拍摄对象的光量，因此我将感光度增加到 ISO250 并调整为最大光圈（在这种情况下，使用 f/4 远远达不到效果）。我以 1/125 秒进行了试拍，检查环境光的效果。

　　然后，我添加了 RF-602 发射器并将闪光灯输出设置为 1/4。这个值可以根据需要进行调整。白平衡设置为阴影模式，因此相机会产生暖色调，加强阳光明媚的感觉。

▲ 我们模拟强烈阳光的布光场景。

第二种布光：相机设置和拍摄

　　第二种布光采用了类似的技巧，会产生看起来就像午后阳光一样更强的光线，营造出极不寻常的效果。进行这一拍摄时，我将闪光直接穿过拍摄对象打到银色反光伞上。采用这种方法时，一部分来自闪光灯的强光直接照亮了场景，而反光伞有助于将整体对比度保持在可控的水平。这种布光让我们可以使用 ISO100，我还是将白平衡设置为阴影模式，让图像看起来更温暖、更阳光明媚的样子。

午后的直射阳光，还是闪光灯的闪光？这是使用第二种布光进
行的拍摄。

佳能 EOS 5D Mark II ｜ EF 24—105mm F4 镜头，设定至 97mm 和 f/6.3
｜ M模式 ｜ 1/125 秒 ｜ ISO100 ｜ RAW ｜ 白平衡设定至阴影模式 ｜ 离
机闪光灯，从左侧穿过拍摄对象，照射到右侧的反光伞上

第三种布光：相机设置和拍摄

这次使用少量的直射光，让拍摄对象略微熠熠闪光。还是一样，反光伞提供基本的灯光并降低整体对比度。没有什么漫射光会压制相机，就像正午阳光一样，但会增加阴影淹没或高光溢出的风险。

我使用一只非 TTL 型 YN-460 闪光灯和无线电触发器，穿过拍摄对象，直对着泡沫反光板。和之前的布光一样，一部分来自闪光灯的光线直接照亮拍摄对象，在菜汤的表面营造出熠熠闪光的高光。将第二块反光板放在右边来打亮阴影，再使用一张折叠的复印纸照亮前景。

在 Photoshop 中进行后期处理

在前两种布光的拍摄中，暖色调的白平衡提供了正确的感觉，在第三种布光的拍摄中，相机的自动设置也恰到好处，所以我所要做的只是裁剪图像，稍微增加自然饱和度，然后锐化照片进行输出。

贴士、技巧及注意事项

如果你想更深入地了解奇妙的美食摄影，请查阅 Fotopraxis 上列出的资源（http://fotopraxis.net/workshops-2/food-food-food-iii/）。Flickr 上的美食作品集也是重要的灵感来源。你可以查看 EXIF 数据来了解提示和信息，也可以学习其他人的布光设置。Flickr Mail 也是提出问题和共享技巧的一大利器。

▶ 我们的部分直射光布光。

▲ 布光示意图：闪光灯直接和间接照亮拍摄对象。两块反光板的位置与主反光板位置相对。

▶ 使用单只离机闪光灯营造出熠熠闪光的效果。

佳能 EOS Rebel T1i ｜ EF 50mm F1.8 II 镜头，设定至 f/5.6 ｜ M模式 ｜ 1/125 秒 ｜ ISO100 ｜ RAW ｜ 白平衡设为闪光灯模式 ｜ 离机闪光灯位于右侧，穿过拍摄对象直射到泡沫塑料反光板（左），另外使用两块辅助反光板（右侧和正面）

第 30 讲
逆光水果

透明、逆光的照片在广告中很流行，经常用于拍摄水果等食品。这种技术看起来非常棒，而且很容易布光。你可能会考虑使用灯光台来进行这样的拍摄，而闪光灯光提供的光线具有更好的色温、光谱和输出特性。你所需要的只是某种拍摄台用于放置拍摄对象，还需要一个柔光附件来分散闪光灯产生的光线。

布　光

拍摄台由一块放置在两摞书上的乳白色亚克力板组成。我将水果放在拆掉把手的玻璃锅盖中，使用佳能 Speedlite 430EX II 闪光灯（手动模式）进行这次拍摄，但任何非 TTL 型闪光灯都可行。我使用了 RF-602 发射器和接收器装置来引闪闪光灯。

相机设置和拍摄

闪光灯设置从 1/4 输出开始，但在 f/8 光圈时太亮。我两次将输出减半，甚至更进一步缩小光圈，但我发现闪光灯还是太亮。我最后使用的光圈是 f/13—— 尽管根据 SLRgear（www.slrgear.com）建议，对于这款镜头，将其设在 40mm 时，f/8 是最佳光圈。如果你比我更有耐心，可以坚持使用最佳光圈，然后相应调整闪光灯输出。闪光灯靠近亚克力板会增加产生热点的风险，所以我将闪光灯反光板设为最大的广角设置，将其移到侧面，这样做一是可以增加距离，二是有助于缓解这一问题。在这种情况下，只要选择 ISO100、1/125 秒、光圈设在 f/8—f/13，再结合 1/32 以下的闪光灯输出设置，就可以轻松地抑制环境光。部分图像曝光过度时，相机显示屏上会发出高光闪烁，这是用来检查布光设置的好工具。在这种情况下，可调整你的相机和闪光灯设置，使所有的白色部分闪烁，其他任何部分均不闪烁。

◀ 这张照片的简单布光包括两摞书、一块亚克力板、一个玻璃锅盖以及一只从下向上照射的闪光灯。

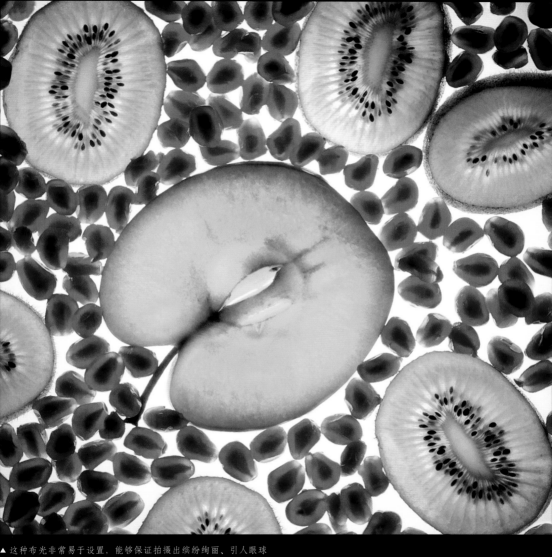

▲ 这种布光非常易于设置，能够保证拍摄出缤纷绚丽、引人眼球
的图像。

佳能 EOS Rebel T1i ｜ EF 24—105mm F4 镜头，设定至 f/13 和 40mm ｜
M 模式 ｜ 1/125 秒 ｜ ISO100 ｜ RAW ｜ 白平衡设为闪光灯模式 ｜ 使用

在 Photoshop 中进行后期处理

只要曝光正确，在后期处理过程中不需进行过多调整。对于这张水果拍摄，我仅限于以下操作：

► 裁剪成方图。

► 稍微修饰掉多余的人工痕迹。

► 使用蒙版（反转蒙版，使用白色软画笔涂画需要调整的区域），对过曝区域进行曲线调整（将曲线的中心略微降低）。

► 使用镜像选择修复照片中苹果过亮的部分。

► 使用智能锐化工具进行选择性的锐化。

► 使用蒙版对奇异果应用深绿色滤镜。

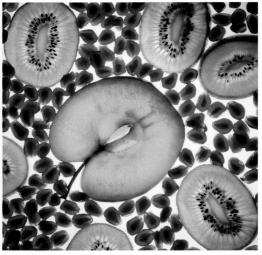

▲Photoshop 截图，显示了我们用来处理图像的图层和蒙版。

贴士、技巧及注意事项

前面我提到过使用灯光台进行这类拍摄，但这类装置通常使用的是光谱存在中断的氙灯，因此灯光台对于食品拍摄没什么用处。人眼对色温的变化非常敏感，特别是对于食品照片和皮肤色调。在你投资购买灯光台之前，先使用电脑显示器作为光源试一试，但要注意一点，曝光时间要比我用的长出很多。这时使用三脚架通常是很关键的一步。

▲ 原始图像（左）和经过剪裁与修饰的图像（右）。

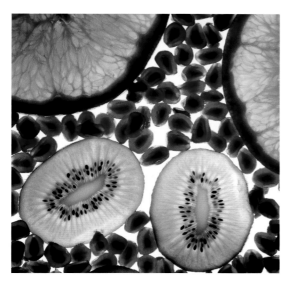

▲ 拍摄的另一张水果照片，拍摄参数同前。

佳能闪光灯显示屏闪烁的奥秘

　　如果你使用佳能广角扩散板，就像我进行这次拍摄一样，你会逐渐熟悉佳能显示屏的闪烁。显示屏闪烁时，表明闪光灯感测到某些方面的设置不正确，但弄清楚到底出了什么错往往很难。造成显示屏闪烁的一些原因如下：

▶ 闪光灯正在等待使用者输入或确认。

▶ 反光板从零位向下倾斜10°（这容易被忽视）。

▶ 自定义功能已被分配或改变。

▶ 反光板倾斜或转动，或者广角扩散板正在使用或未完全缩回。

▲ 佳能闪光灯上的显示屏有时似乎会无缘无故地闪烁。

第 31 讲
发光通心粉

▶ 另一种简单而有效的拍摄台灯光效果
▶ 如何创作出灯火通明的感觉

布　光

前一讲中使用了一块亚克力板作为拍摄台，从下面打光照亮拍摄对象。本节介绍一种更简单的方法，使用木板条搁物架创造出向上打光的效果。

拍摄布光时，我将通心粉（使用的是较大的长通心粉面条）放在板条上，并把闪光灯放在架子的下一格里朝上打光。

相机设置和拍摄

我决定不用环境光。为此，我选择了 1/125 秒的曝光时间，ISO100，保持图像噪点在最低程度，光圈设在 f/7.1，确保提供足够的景深。由于靠近拍摄对象，而且没有其他的光效附件，我能够将闪光灯输出设置到 1/16 这么低来进行最初的试拍。

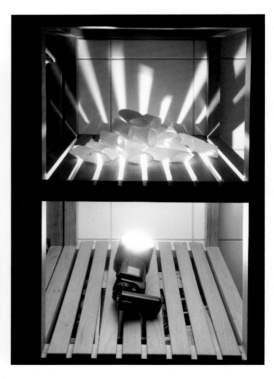

▼▶ 我们拍摄通心粉的布光，使用（右）和不使用（左）闪光灯，采用本讲中详细介绍的布光设置。在稍后的 RAW 转换阶段，我们将创造出温暖的感觉。

▲ 在木板条搁物架上实现了简单而有效的拍摄台灯光效果，没有
使用闪光灯光效附件。

在 Photoshop 中进行后期处理

我们处理这张照片时提高了对比度，让通心粉表现出通透发光的感觉。在 RAW 转换时，略将色温设为暖色调，在 Photoshop 中裁剪图像之前，增加了黑色和对比度的值。

贴士、技巧及注意事项

将大块的通心粉面条放在浴室的木板条搁物架上，多么奇妙的想法！我是怎么得到这种灵感的呢？下面向大家解释一下！

在我的朋友圈里，我们发明了这么一个小游戏：每个人都要带来一两样东西拍摄，然后将这些物品随机发放，每个人都得为自己拿到手的物品创作出一种很酷炫的灯光布光。我收到的是一对冰箱保鲜袋夹、一盒巧克力（参见第 36 讲）和通心粉。这种有趣的方式很能让你发挥创造力。你可以和朋友或在下一次摄影俱乐部聚会时试一试！

▲ 我在 RAW 转换期间进行了几项细微调整，为通心粉增加一种通透发光的感觉。

▲ 在一次充满惊喜的拍摄比赛中，我们为保鲜袋夹、巧克力和通
心粉拍摄了这些照片。这次比赛只有一个规则，那就是创作出来
的图像要好看。

第32讲
浴缸里的金巴利酒

▶ 如何创造出柔和的环绕灯光效果
▶ 使用浴缸当作明亮的摄影棚
▶ 使用 Photoshop 创建流行色彩

如果你想营造出拍摄对象沐浴在灯光中的布光，使用浴缸是最好不过的办法了。我想拍摄一些金巴利酒瓶的照片，还要富有艳丽的流行艺术感。我使用了浴缸和两只闪光灯，让整个场景完全沉浸在灯光中。

布　光

对于这种布光而言，白色浴缸是不二之选，当然，你也可以临时在一个大纸箱里衬上白床单。我用橡皮泥将酒瓶固定就位，然后使用两只非 TTL 型 YN-460 闪光灯朝着浴缸壁从侧面打亮酒瓶，还使用复印纸作为柔光工具。其他设备还有 RF-602 无线电触发器，相机和镜头分别是佳能 EOS Rebel T1i 和 EF 85mm F1.8。

◀ 布光示意图：浴缸和两只闪光灯布光，用光来充满整个场景。

◀ 两只闪光灯和纸柔光板朝向浴缸侧壁。

▲ 在自己家浴缸里拍摄的，具有流行艺术感觉的食品照片。

佳能 EOS Rebel T1i | EF 85mmF1.8 镜头，设定至 f/3.5 | M 模式 |
1/125 秒 | ISO100 | RAW | 白平衡设为闪光灯模式 | 两只离机、非
TTL 闪光灯，使用 RF-602 无线电触发器引闪

相机设置和拍摄

在这种拍摄情况下，闪光灯需要提供充分的光线，而且还要尽可能地抑制环境光。我针对室内照明条件选择了 ISO100 和 f/3.5。曝光时间为 1/125 秒，这通常足够用于抑制大部分的环境光而不会削弱相机的同步速度（通常是 1/200 秒左右）。不要设定到极限值，因为 RF 传输还需要一定的时间——1/125 秒或 1/160 秒就是很不错的选择。然后还是要先不使用闪光灯进行试拍，确保所采用的设置能够排除环境光。

在这么短的距离，并且使用了两只闪光灯，每只闪光灯设在 1/16 输出应该够用了。还是老规矩，可以在试拍之后再调整设置。

▲ 原始图像。

在 Photoshop 中进行后期处理

从技术层面来讲，我们的原始图像非常好，而且环绕灯光效果也非常出彩。酒瓶底部消失在模糊背景中，而且金巴利酒本身也非常鲜艳，但图像仍需要进行一些处理。

我们使用了三个曲线调整图层：一个用于提亮整个图像，并去掉白色中发灰的痕迹；一个用来稍微降低红色成分，增强一些蓝色调；还有一个用来突出阴影中的蓝色调。

◀ 原始图像（左）已经很好，但有点儿冈。后期处理使其锦上添花（右）。

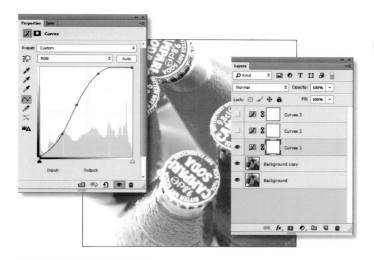

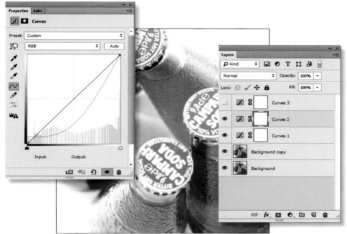

贴士、技巧及注意事项

▶ 曝光时间：你可能会问，我为什么经常选择 1/125 秒的曝光时间。我的经验表明，这个曝光值在外景地和摄影工作室内拍摄时往往都能产生令人满意的效果。曝光时间太长会增加环境光过多、相机震动以及闪光灯打亮拍摄对象出现鬼影的风险。另一方面，曝光时间太短则常常会导致相机的同步速度受到干扰。由于无线电触发器会有时间延迟，因此用来引闪闪光灯时，要给自己留有一定的余地。

▶ 拍摄商标：拍摄商标时需要注意，因为可能会受到法律惩处。在这类摄影教学用书中，商标所有人不会认为我在滥用他们的权利，因此不会有什么危险。但是，如果我想在商业性出售的日历上使用金巴利酒的照片，那就会有麻烦了。在以商业方式使用图像之前，如果你有任何疑问，可以先征求一下法律专家的建议。

◀ 我们进行的三个曲线调整，以及对图像产生的效果：RGB 组合值（上）、红色通道（中）和蓝色通道（下）。

第 33 讲
用烟雾来描绘香气

- ▶ 如何拍摄烟雾
- ▶ 在 Photoshop 中进行反相处理，并为烟雾照片着色
- ▶ 捕获蒙太奇照片的其他细节

几个月前，我看到一幅立顿红茶的广告，它使用了某种形式的云来象征产品的香气，效果看上去就像彩色的烟雾，我开始考虑如何重现这种效果。烟雾比较容易拍摄到，而且在 Photoshop 中也容易反向和配色，但对显示出来的其余场景部分处理起来比较困难。最终图像是三个不同镜头的组合：烟雾、袋泡茶和一些茶叶。等到我终于让结果看起来有点儿像原始图像的时候，我已经用了很多茶包。

布 光

在照片中捕捉到烟雾的最佳办法就是将一支香远远地放在黑暗背景的前面，然后用装上束光筒的闪光灯从侧面打光。放在闪光灯和相机之间的遮光板（或挡光片）限制光晕和杂散光，从而提高其整体的效果。

茶包和茶叶的逆光布光装置是一只装在便携式柔光箱里的闪光灯，我将其放在了后面（详情请参阅第 2 讲）。拍摄过程中，第一个镜头是拍摄放在柔光箱中的茶包。拍摄第二个镜头时，我把茶包切开，将茶叶撒在柔光箱表面上。我以 1/4 闪光灯输出开始进行试拍，然后对设置进行微调。

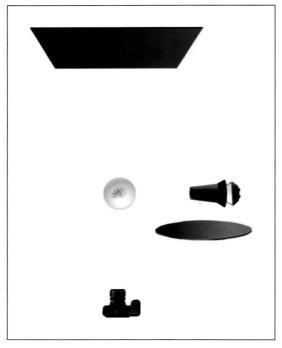

▲ 我们的烟雾拍摄布光示意图：一只离机闪光灯装上束光筒，对准烟柱，一块挡光片防止光晕和杂散光进入镜头。黑暗背景的位置尽可能远离拍摄对象。

▲ 使用烟雾来描绘香气，这个想法来自立顿茶的广告。为了创造
出最终效果，我用了两次闪光灯布光，而且在 Photoshop 中进行的
后期处理工作量也很大。

佳能 EOS 5D Mark II ｜ EF 24—105mm F4 镜头，设定至 f/5.6 和
45mm｜ M 模式 ｜ 1/125 秒 ｜ ISO100 ｜ RAW ｜ 白平衡设为闪光灯模式 ｜
一只离机闪光灯

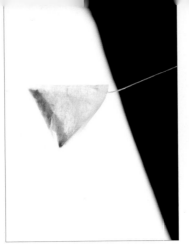

◀ 我们茶叶广告的三个组成部分：烟雾、茶包和茶叶。

相机设置和烟雾拍摄

为了拍好烟雾，我用了安装在三脚架上的佳能 EOS 5D Mark II 相机和 24—105mm 变焦镜头，使用的镜头焦距大约为 50mm，光圈 f/5.6（要求产生适当的景深）。我将相机设置为手动模式和 ISO100，照片格式切换到 RAW 格式。使用三脚架的话，我就可以在拍摄时来回挥动点燃的香，以此产生不同的图案。与本书中其他的布光一样，先不使用闪光灯进行试拍，查看一下我的设置会捕捉到多少环境光，然后以 1/8 输出开始进行闪光灯曝光的试拍。

我用同样的布光设置来拍摄茶包和茶叶，但将镜头设置为最长焦距端，让相对较小的拍摄对象填满整个画面。将非 TTL 型永诺 YN-460 闪光灯装在便携式柔光箱里，采用 ISO100 和 1/125 秒这个组合参数进行拍摄，使用 RF-602 无线电触发器引闪闪光灯。

▼ ① 原始、未经处理的烟雾照片；② 烟雾图像的反相版本；③ 反相图像经过去饱和度、清理干净后的版本；④ 着色后的版本，使用颜色渐变进行了处理。

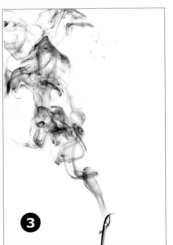

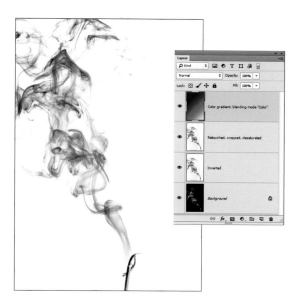

▲ 给烟雾照片着色时，先创建一个包含有预期颜色的新图层，再用颜色混合模式与原始图像合并。在本例中，为了更好地说明处理过程，我使用了彩虹的效果；在我的主要照片中使用的是红色。

在 Photoshop 中进行后期处理

即使已经完美捕捉到这个项目的所有三个要素，还必须创造一个有效的蒙太奇才会得到最终效果。我使用快速选择和调整边缘工具将茶包和茶叶分离出来，然后使用图层蒙版来产生最终的效果。你所使用的精确蒙版技术和混合模式会根据你想达到的影像效果而有所不同。

贴士、技巧及注意事项

▶ 本讲及下一讲中，我使用 Photoshop 来处理照片的力度要比本书其他示例大得多。如果你有兴趣深入了解 Photoshop 的蒙太奇与合成操作，请访问"附录 C"中列出的资料来源。

▶ 拍摄烟雾图像时，我将 Rogue FlashBender 卷起来当作束光筒。FlashBender 是个很不错的工具，但拍摄现在举例的这张照片时，使用一块卷起来的黑卡纸也会得到很好的效果。市面上有很多实用的闪光灯配件，包括滤光片支架、柔光罩、半透明的塑料半球等。要是像我这样经常采用自己制作的工具来解决问题，不仅仅省钱，而且通常比买来的装备更好用。最能证明这一点的就是尼尔·凡·尼克尔克的黑泡沫软片（第43 页），本书中从头到尾都在使用。这个工具非常好，也就几元钱的成本。用我的话来说，就是别为了里面装满一堆无用之物的整体碗柜花大价钱。我诚心建议你，有钱就花在好镜头上！

第 34 讲
调制金酒，向大卫·霍比致敬

▶ 搭建一个灯箱
▶ 在明亮背景下如何使用灯箱

大卫·霍比是闪卓博识的创始人，通过他那张调制伏特加的图像，我找到了灵感。图像中有5只高玻璃杯，每只杯子里装有不同的调味品，如巧克力、肉桂和柠檬。大卫非常友好地详细公开了他那套看似简单的布光装置，因此我得自己去试一下。我的这套布光几乎和大卫的相同，但我用了金酒来代替伏特加（我喜欢这种酒的味道，碰巧家里也有这种酒）。水的折射率和烈性酒不一样，不会产生相同的效果。

布　光

大卫的布光装置是一只纸箱，在上面切出一个开口，然后蒙上半透明纸。这个开口是上方闪光灯光线的入口。另外两只闪光灯朝着背景，保持背景明亮并且是白色的。将玻璃杯放在白色亚克力板上，创造出倒影效果。大卫将相机安装在三脚架上，并使用内置水平仪，确保相机保持垂直。

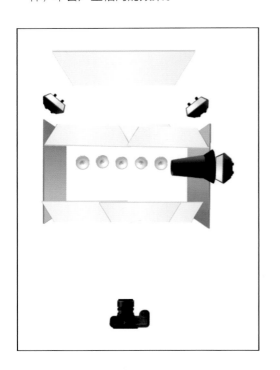

◀ 拍摄调制金酒的布光示意图：两只闪光灯打亮背景，一只纸箱，一只装有束光筒的柔光闪光灯，从上面引闪。

▼ 几乎过曝的白色背景布光，上方闪光灯使用卷起来的纸作为束光筒。

▲ 令人垂涎的调制金酒，在家使用三只闪光灯拍摄而成，临时小
发挥了一下。

佳能 EOS Rebel T1i ｜ EF 50mm F1.4 镜头，设定至 f/11 ｜ M 模式 ｜
1/125 秒 ｜ ISO100 ｜ RAW ｜ 白平衡设为闪光灯模式 ｜ 三只离机闪光灯

▲ 看起来不太起眼的原始图像（上）和裁剪并对齐后的版本（下）。

相机设置和拍摄

我使用的布光在抑制环境光的同时还提供了主闪光灯光源。使用 ISO100，保持最低噪点水平；另外，将相机的快门和光圈设置在 1/125 秒和 f/11 上。小光圈会略微降低整体清晰度，但能确保整个画面具有足够的景深。使用 RF-602 无线电触发器引闪闪光灯（任何非 TTL 装置都可以）。不使用闪光灯的情况下，对这套布光进行试拍的结果应该是几乎全黑的。先添加背景闪光灯，使用相同的输出设置进行对称放置，然后调节输出，直到背景的白色刚开始过曝（要始终注意观察取景器中闪烁的高光警告），最后添加上方闪光灯。我以 1/4 输出开始试拍，然后微调设置，直到参数值正确。

▲Photoshop 图层堆栈及应用其中所含步骤之后的效果。我对图像进行了拉直、清理和拉伸，优化了颜色，并增加了人造倒影。

▶ 同一张图像更酷的
版本。在这张照片里,
我将颜色向绿色偏
移,对玻璃杯进行了
强调。

在 Photoshop 中进行后期处理

这张图像需要不少后期处理操作,最重要的
操作步骤如下:

▶ 进行重新裁剪。

▶ 拉伸玻璃杯。

▶ 对金酒去饱和,清除那些开始要溶解的颗粒及其
他成分。

▶ 修掉不想要的反光、伪影和灰尘颗粒,在某些情
况下,需要复制玻璃杯的相同部分。

▶ 以更有吸引力的人造倒影来代替玻璃杯的真实
倒影。

▶ 对金酒成分进行颜色减淡,增加自然饱和度,并
应用最终锐化。

如果在拍摄过程中我多加注意,就会避免一
些后期操作,但像通常一样,我会为此做出决
定——调整布光和后期修饰图像中哪一种更有效。
对于拍摄本身而言,必须确保灯光合适,一切都
对焦准确,因为这类事情无法在后期处理中解决。

贴士、技巧及注意事项

拍摄时我将白平衡设为闪光灯模式。有时候
将白平衡设为自动模式会更好,但在我使用闪光
灯而不加彩色滤光片时,我常会将白平衡设置到
闪光灯模式。这能够确保连续拍摄的所有照片都
具有相同的色温,因此在 Adobe Camera Raw
或 Lightroom 中可以很轻松地进行批处理校正。

第35讲
巧克力

巧克力可不那么容易拍摄。如果不靠近仔细关注的话，巧克力照片看起来往往会有单调、索然无味的感觉，就像对页右下角的图像一样。本讲要着手的任务就是重新打造出温暖、诱人的感觉，就像对页的左图那样。

要想使用常规灯光来营造出这种效果，几乎是不可能的，主要是因为每一块巧克力都朝着不同的角度，所以只有每一块都单独打光，才会好看起来。对于这个问题，我是这么解决的——使用光绘技巧以自定方式照亮图像的各个区域。进行这类拍摄时，照相机需要安装在三脚架上，并设置到 B 门或自拍模式，在整个长时间曝光过程中，室内要保持黑暗。

布 光

选择进行光绘的工具一般都是袖珍手电筒。但手电筒的光源一般都是白炽灯或 LED 灯，它们的光谱不适合食品摄影。虽然闪光灯能提供完美的灯光，但持续的时间又太短了。这个问题的解决办法就是选择造型闪光灯模式。在佳能

Speedlite 430EX II 闪光灯上，这个功能被分配在测试按钮上。其结果是完美（但是有点贵）的闪光灯光，每次按下按钮后，都会提供持续大约 2 秒钟光谱均匀的灯光。为了集中闪光灯反光板的光线，我们将圆珠笔管切成合适的长度，然后使用胶带固定到闪光灯上，形成一个微型束光筒。

▶ 佳能 Speedlite 430EX II 闪光灯，装有自制的微型束光筒。闪光灯设置为造型闪光灯模式后，就变成一个完美的光绘笔了。

◀▼ 能看出来哪些图像是用温暖、自然的环境光拍摄的，哪些是用强闪光拍摄的吗？左边的图像是用闪光灯拍摄的，右边那张是利用室内光拍摄的。

佳能 EOS Rebel T1i ｜ EF 24—105mmF4 镜头，设定至 f/14 和 45mm ｜ M模式 ｜ 30 秒（自拍模式） ｜ ISO400 ｜ RAW ｜ 白平衡设为闪光灯模式 ｜ 三脚架 ｜ 使用改制的闪光灯装置以长时间曝光进行光绘

如果你的闪光灯没有造型闪光灯模式，自己可以模拟这种技术，将闪光灯输出设置在最低水平，然后在对拍摄对象进行光绘时，不停地按下闪光灯测试按钮。还可以使用频闪或多模式来达到类似的效果（参见第 12 讲）。

为了让我们的巧克力场景看起来有立体感，我将一条巧克力分成了几块，然后精心安排在巧克力包装纸制成的背景前面。我将佳能 EOS Rebel T1i 安装在三脚架上，以自拍模式释放快门。

相机设置和拍摄

布光准备就绪后，剩下的就是拍摄了。将相机切换到实时取景模式，将显示屏放大后进行对焦，再切换为手动模式，将自拍定时器设置为 30 秒——B 门模式加上快门线起到的效果也一样好。

让房间暗下来，释放快门，在持续的曝光时间内用光绘笔进行光绘。由于拍摄对象的面积很小，因此光源的角度和距离至关重要，必须使用非常平的侧光靠近巧克力，让上面的文字看起来非常清晰。

缩小光圈能够确保整个拍摄对象保持清晰，但整体图像的品质会略有下降。在我们的照片中，我还不得不提高了感光度设置，确保在 30 秒的曝光时间内完成光绘操作。

光绘巧克力的布光设置

在我看来，ISO400 是 EOS Rebel T1i 感光度的上限——再高的话会产生过多的图像噪点。其他用来提高图像品质的方法就是进行更长时间的曝光（采用 B 门模式）、使用全画幅相机，或者设置更大的光圈。然而，使用的光圈过大会

造成景深太浅（参见对页左侧的两张照片，都是以 f/5.6 光圈拍摄的）。还有一种方法可以增加景深：使用景深合成技术。具体实例请参阅我的 Flickr 照片流：http://www.flickr.com/photos/galllo/4905689780/。

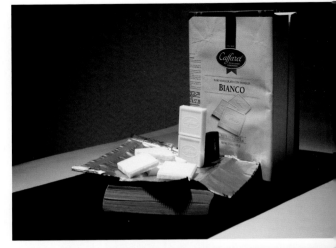

▲ 光绘巧克力拍摄的布光设置。

在 Photoshop 中进行后期处理

在 Adobe Camera Raw 中我用了曝光、黑色和自然饱和度滑块，让图像更温暖、对比度更高一些，然后进入 Photoshop 进行裁剪和拉直，并去掉任何不必要的伪影。在图像润色时，我添加了一个强晕影，然后使用智能锐化工具来锐化图像。

▲ 原始图像（左）和经过后期处理的图像（右）。

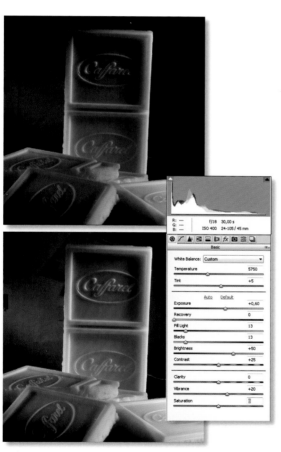

▲ 在 Adobe Camera Raw 中进行设置，提高对比度，增强色彩。

贴士、技巧及注意事项

在拍摄时图像的品质可以很容易地检查，在工业图像和艺术图像的处理技术之间存在一些很有趣的相似之处：

▶ **伪联机拍摄：** 现在的新相机里常常带有联机拍摄软件，可以让你查看自己的相机显示屏，在电脑或笔记本电脑屏幕上实时调整拍摄参数。联机是保证高图像品质的好方法，但设置起来比较复杂，在工作时还会产生多余的电缆线，弄不好会被其绊倒。我发现要拍摄四五张照片时这种方法更有效，在电脑上可以清楚地查看到需要改变哪些设置，然后再返回布光设置。这些细微检查只需要一两分钟，但非常有帮助。

▶ **擦光技术的工业用途：** 我使用平侧光来强调巧克力表面的文字，这种光常常被称为"擦光"（grazing light）。擦光在工业环境中用于检查压花、产品表面上的划痕以及蚀刻代码（参见第 17 讲）。通过透明背景使用逆光（参见第 214 页）是另一种类型的艺术灯光，在工业中也经常使用，还有《时尚》（Vogue）杂志始终青睐的环形灯光效果，在需要直接的无阴影灯光时，也会用于工业用途。密切留意新的灯光理念是一个好习惯，"附录 C"中列出了一系列实用的资源，可以让你由此起步。

在本讲的最后，给大家看看我在拍摄巧克力期间得到的其他未经后期处理的照片。这些照片都略有不同，但都突出了拍摄时进行试验的有利之处。

▲ 同一次拍摄期间的其他未经后期处理的图像，光圈分别为 f/5.6（左和中间）和 f/8（右）。

深度学习：
RAW 和 JPEG

大家可能已经注意到，我通常以 RAW 格式拍摄，但有时也使用 JPEG 格式。这两种格式都有自己的拥趸，而且有关话题的讨论有时候听起来就像信仰辩论！以 RAW 格式进行拍摄的优、缺点如下：

① 可在拍摄后无损调整白平衡 1。

② 能够无损改变 RAW 图像的颜色空间 3。

③ 在进行数字处理方面，RAW 图像有更多的余地，例如，使用曝光滑块 2。

一般来说，对 RAW 图像可以进行更多的极端处理，而不会有色调削弱或分层的效果。在执行重要拍摄任务时或在复杂的光线条件下（例如高对比度），应始终采用 RAW 格式进行拍摄。这样在后期修复或处理图像时你会有更多的选择。

JPEG 格式支持者的理由是，文件大小只有 RAW 格式的 1/5，而且可读取性比较通用，非常适于共享。RAW 格式是制造商特定的，除了 Adobe 的 DNG 格式之外，这些格式也是专有的。

如果你始终坚持以 RAW 格式拍摄，很快你就会习惯这种格式所具有的更大的动态范围，但在设定曝光参数方面会让你学会偷懒。以 JPEG 格式拍摄的要求非常严格，有助于你创作出更优质的照片，而不需要太多后期处理。

在本书中的闪光灯拍摄涉及大量的试验，会占用你计算机硬盘的大量空间。JPEG 格式的照片会降低存档数据量的大小，并且删除不想要的试拍照片时速度很快。最后的重要一点：JPEG 格式的对比度和白平衡设置让你可以在相机中创造出特定的效果，但在 RAW 转换器中很难实现。例如，在 Adobe Camera Raw 中很难完美地复制佳能相机的荧光灯白平衡设置。

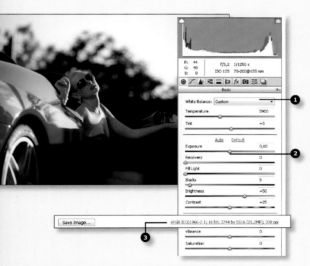

▲Adobe Camera Raw 7.0 的屏幕截图

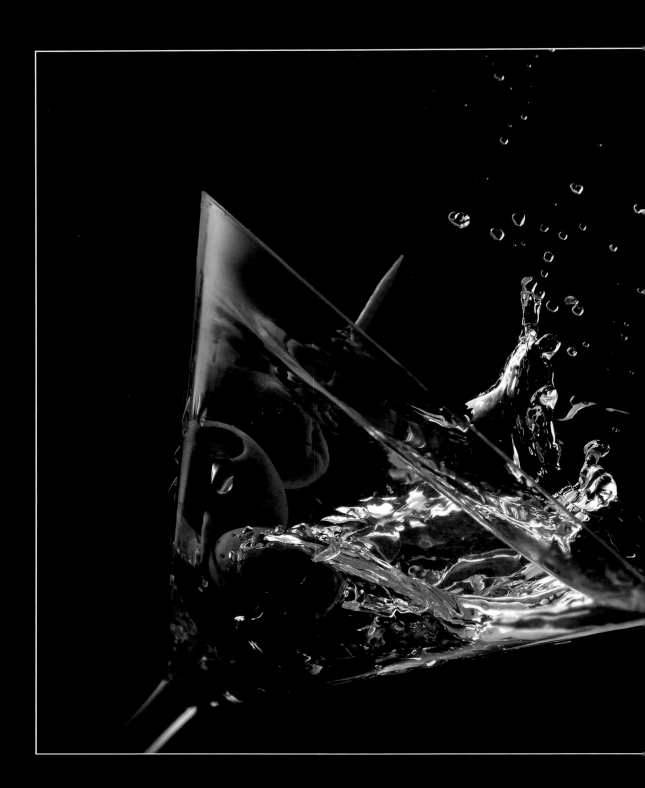

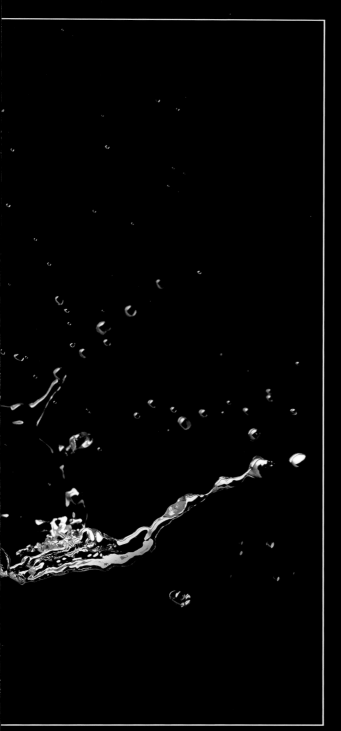

第 36—40 讲
使用高速闪光灯凝固不可见的瞬间

　　闪光枪不仅小巧、实用、灵敏，而且采用电池供电，闪光速度也快！闪光持续时间极短，能够完美地凝固水花飞溅或者波浪和其他液体的运动。本章介绍如何使用简单的装备加上一点点耐心和技巧，来完美地拍摄到水花飞溅的照片，在最后介绍如何使用十字形感应器。

第 36 讲
牛奶和巧克力飞溅

▶ 以超短的闪光持续时间进行拍摄
▶ 使用束光筒、挡光片和彩色滤光片拍摄飞溅的液体
▶ 从三次曝光中创作出完美的飞溅图像

飞溅和泼洒液体的照片非常受欢迎，在 Flickr 上可以看到成千上万的咖啡飞溅照片。橄榄、方糖、冰块和饼干落入牛奶、奶油、咖啡、可乐或蓝库拉索酒等更复杂的飞溅照片都是当前广告场景的组成部分。拍摄飞溅的照片有很多的乐趣，但需要一些特殊的装备和大量的准备工作。像我使用的 Jokie 这种十字形感应器[1]（参见第 39 讲），每次都能保证得到完美的画面效果。只要稍微有一点耐心，不使用十字形感应器也能拍摄好飞溅

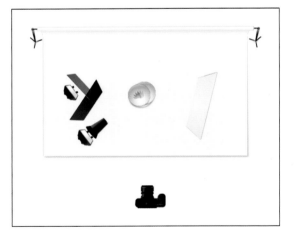

▲ 布光示意图：弧形背景幕，两只闪光灯（一只装有蓝色滤光片，一只带束光筒）和一块挡光片。

[1] 十字形感应器使用激光束在微距镜头的对焦点处形成十字交叉。如果两条光束同时被阻断，则触发外部快门并引闪闪光灯。

的照片，利用明亮的阳光也可以凝固飞溅的瞬间。当然，使用闪光枪可以更好地引导光线，而且低输出设置能够提供极短的闪光持续时间，非常适合凝固瞬间动作。实际上，在捕捉飞溅方面，小型系统闪光灯更快，比摄影工作室闪光灯更好用。

最终图像是由三次曝光合成的效果。

布　光
拍摄牛奶和巧克力飞溅时，我使用一只装有蓝色滤光片的闪光灯来打亮背景，另一只带束光筒的闪光灯用来拍摄牛奶。我把用鼠标垫做成的挡光片放在蓝色滤光片闪光灯的前面，防止蓝光照到杯子上，使用一本蒙上白纸的厚书临时当作强调光的反射面。然后将相机安装在三脚架上，使用快门线来触发快门，我使用 RF-602 无线电触发器以倒数第二挡的输出设置来引闪闪光灯。为了便于事后清理打扫，我是在浴室里搭建布置这个场景的。基本布光装置的组成是这样的：使用两块板子搭在浴缸上，使用易于清洁的 Translum 薄膜做成一个小的弧形背景幕，放在板子上。

MAKIN' CHOCOLATE MILK

像这样的飞溅效果只需要你极有耐心，或者掌握一两个技巧就行。

佳能 EOS 5D Mark II │ 24—105mm 变焦镜头，设定至 105mm 和 f/7.1
M模式 │ 1/125秒 │ ISO100 │ RAW │ 手动预先对焦（关闭自动对焦）

▲ 我们的牛奶和巧克力飞溅布光装置。

相机和闪光灯设置

我们将闪光灯输出设置为倒数第二挡的最低设置，尽可能保持最短的闪光持续时间。闪光灯发出的强光会使这种飞溅具有明确、立体的感觉，因此我没使用其他的光效工具或灯伞。黑色鼠标垫挡光片阻止任何蓝色滤光片过滤的光线对牛奶着色。背景点光可以使用束光筒或蜂巢来控制，但在这种情况下，我们将闪光灯焦距设为105mm。我们使用的唯一一个额外工具就是主闪光灯上的 Rogue FlashBender（RG040028），但将一块纸板卷起来也能达到同样的效果。

在拍摄飞溅时，要对镜头的前组镜片进行保护，相机要尽量远离拍摄对象，或者使用 UV 镜或天光镜。我使用的镜头是佳能 EF 24—105mm F4，焦距和光圈分别设为 105mm 和 f/7.1，略微小于临界光圈，这样可以保证整个画面有足够的景深（参见以下插图及 www.slrgear.com 上提供的资料）。

我将相机设置为手动模式和 1/125 秒，这样可以消除环境光。尽管输出设置得这么低，但闪烁灯距离拍摄对象很近，因此可以使用 ISO100 来拍摄。

拍 摄

拍摄飞溅时，必须预先对焦，防止相机的自动对焦系统只在关键时刻寻找拍摄对象。将镜头切换到手动，使用放大的实时取景显示来手动设置对焦点。请记得在拍摄过程中定期检查对焦点，因为自动对焦镜头中的装置会令其不经意地改变对焦点。在牛奶开始飞溅之前，测试并校准布光设置。

对于这种布光，重要的在于设置背景闪光灯，要形成一个漂亮的背景中间点光，然后设置所有参数，可以在低闪光灯输出条件下使用闪光灯。这会使闪光灯更快、图像更清晰。至于其他布光设置，不使用闪光灯试拍时，应该产生出几乎完全黑暗的图像。完成基本布光设置后，就可以定位并设置闪光灯，将快门线连接到相机上。现在，按如下步骤继续进行：

1. 右手持着巧克力，左手握着快门线。
2. 让巧克力落下后的瞬间释放快门。
3. 检查结果；如果没有捕捉到飞溅，就再试一次。

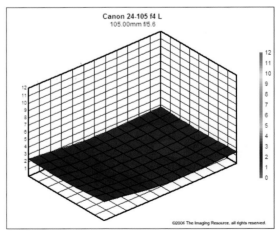

▲ 我们所用镜头的临界光圈值（即最清晰）为 f/5.6。我们进行拍摄时选择的是 f/7.1 设置，这样可以增加一些景深，而绝对清晰度几乎相同。（插图由 SLRgear 提供，www.slrgear.com）

◄ 我 们 的 飞 溅 照
片 包 括 三 个 组 成
部 分：
① 干净的杯子；
② 单独的飞溅；
③ 巧克力。

在 Photoshop 中进行后期处理

在拍摄完第一个飞溅的镜头后，一切就会变得乱七八糟。为了避免在每次尝试之后清理和重建场景，还有一种更轻松的办法，即先拍摄一个没有飞溅时场景干净的照片，然后在电脑上添加飞溅，这种做法也适用于一块巧克力。实际上，要想飞溅的液体达到足够的高度，巧克力应当已经深深地沉入杯中，但无法精确定时。我使用 Photoshop 来选择巧克力和飞溅，然后合并到干净杯子的照片中。由于布光设置简单，我们无须处理不怎么真实的灯光或透视效果。如果仔细设置自己的拍摄，再花些时间在 Photoshop 中进行选择，就会得到让人信服的效果。

贴士、技巧及注意事项

为了成功捕捉到飞溅，对焦点必须得精确，因此需要有足够的景深，而且闪光灯持续时间也必须尽可能短。将系统闪光灯设定在低输出上，这样就很容易实现极短的闪光了。如果你需要更高的闪光功率，则需使用另外的闪光灯，而不是采用更高的输出设置。"系统闪光灯低输出 = 闪光时间短"这个规律并不总是适用于摄影工作室闪光灯，因为后者使用多个并行或单独触发的电

容器，这具体取决于输出设置。也就是说，最佳的闪光持续时间并不总是在最小输出时。如果你无法确定这是否适用于自己的闪光灯，请咨询制造厂家。

要得到外观清爽的飞溅，可使用 Photoshop 来清除焦外的牛奶液滴。

如果你想每次都能捕捉到很好的飞溅，则使用十字形感应器来引闪闪光灯。（有关这一技术的详细信息，请参阅第 39 讲）

请查看以下 Flickr 小组，了解一些非常棒的飞溅照片的想法和示例：

► Splish, Splash, Drips and Drops（水花、飞溅、滴水和水滴）：www.flickr.com/groups/splish_splash_drips_n_drops

► Splash（飞溅）：www.flickr.com/groups/splash

► Cookie Splash（饼干飞溅）：www.flickr.com/groups/cookiesplash

你可以点击 Flickr 照片窗口底部的 EXIF 显示按钮，查看图像的 EXIF 数据。如果你想了解更多，请使用 Flickr Mail 给摄影师发送消息。大多数艺术家都非常友好并乐于助人，很愿意畅谈自己的作品。

第 37 讲
使用玻璃鱼缸拍摄飞溅

▶ 使用 Translum 薄膜代替柔光箱
▶ 如何给大飞溅打光

前一讲中的飞溅很小，拍摄起来比较难，在尝试几十次之后才会得到所希望的效果。用更大的物体溅起更大的飞溅，这就很容易捕捉到。我们使用了廉价的玻璃鱼缸，其实任何大玻璃容器都可以使用。我们无须使用昂贵的摄影工作室闪光灯和柔光箱，我们需要的只是一块 Translum 薄膜来创造出有趣而又赏心悦目的灯光效果。

布 光

浴室肯定是这类布光设置的最佳场所。拍摄要求光线从后面照亮液体，还要同时从前面照亮产生飞溅的物体。我首先想到的是，后面灯光使用柔光箱，前面灯光使用两把柔光伞。但这占用的空间太大，因此我决定采用一种简单的解决方案。我把两块板子搭在浴缸上，中间保留出一定的间隔，然后使用一块 Translum，用胶带粘到墙上当作弧形背景幕。然后将玻璃鱼缸放在弧形背景幕上。

我使用了四只闪光灯（佳能和永诺的组合），均设为手动模式，使用 RF-602 无线电发射器来引闪。其中两只闪光灯定位在浴缸中，灯光朝上从后面打亮弧形背景幕。闪光灯和拍摄对象之前

保持的距离较大，而且 Translum 薄膜较厚，因此需要使用较高的输出设置。还是和以前说的一样，和单只闪光灯设置在更高的输出相比，两只闪光灯可以提供更短的闪光持续时间和更快的回电时间。另外两只闪光灯分别放置在玻璃鱼缸的左、右两个角处，使用复印纸来进行柔光。相机安装在三脚架上，闪光灯发射器安装在热靴上，使用快门线来释放快门。

▲ 布光示意图：玻璃鱼缸安放在 Translum 薄膜上，两只闪光灯从下面打光，另外两只分别放在两个角上。

CLINIQUE MOISTURE SURGE

▲ 要创作出这样的飞溅照片，你需要一间浴室、一个小玻璃鱼缸、一块 Translum 薄膜和系统闪光灯。

佳能 EOS Rebel T1i ｜ EF 50mm F1.4 镜头，设定至 f/16 ｜ M 模式 ｜ 1/125 秒 ｜ ISO100 ｜ RAW ｜ 根据实时取景显示来手动预先对焦（关闭自动对焦）

▲ 我们的玻璃鱼缸飞溅布光。

定焦镜头，相当于 80mm 的等效焦距，也可以在相机和潮湿的拍摄对象之间保持安全距离。拍摄液体时，为安全起见，最好在镜头前装上 UV 镜或天光镜。

　　进行一次试拍，确保环境光已得到有效抑制，然后将闪光灯设为 1/8 输出。请记住，闪光灯输出刻度上的一整挡增量，会使光线量增加一倍或减半。

相机和闪光灯设置

　　我用的是 50mm 定焦镜头，设在 f/16，在拍摄这种大飞溅时能够获得更大的景深。不建议使用更小的光圈，因为这样会降低图像的整体锐度（请与 www.slrgear.com 上的测量数据进行比较）。使用放大的实时取景显示进行预先对焦，然后切换到手动模式，并使用我最喜爱的室内快门速度：1/125 秒。在 APS-C 相机使用全画幅

拍　摄

　　检查布光设置，将物体放置在固定位置上进行预先对焦（例如，使用细绳悬挂起来），然后开始准备拍摄水花飞溅。一只手丢下物体，另一只手在丢下后的瞬间释放快门。你很快就会获得掌控时间的感觉，然后几乎每一个镜头都会拍出漂亮的水花飞溅。

在 Photoshop 中进行后期处理

　　追求完美的人会在每次曝光之后将玻璃鱼缸擦干净，但我选择了一种偷懒的办法，使用 Photoshop 在后期处理时清除不需要的水滴。我还提高了整体对比度，对颜色进行平衡，裁剪图像，然后进行锐化。我使用照片滤镜调整图层，给水添加了绿松石颜色（我未选中保持亮度这个选项）。

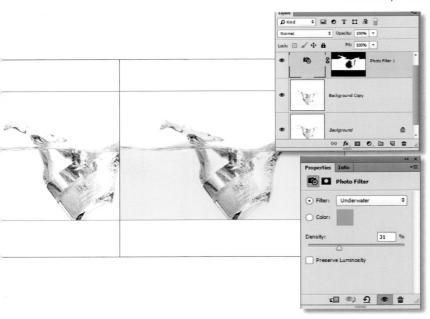

◀ 照片滤镜调整图层之前和之后的照片。蒙版的作用是仅给水增加新颜色。

贴士、技巧及注意事项

▶ 大多数在线摄影器材经销商都有成卷的 Trans-lum 薄膜出售，一些艺术和建筑用品商店也会有小卷或单张的薄膜。

▶ 要想看到更多充满创意灵感的飞溅照片，可以查看 Photigy 上的示例照片和博客（www.photigy.com）。

▶ 更多有关景深和衍射模糊化的信息，请参阅：en.wikipedia.org/wiki/Depth_of_field。

▶ 请访问 SLRgear（www.slrgear.com），查阅你使用的镜头的临界光圈测试值。

▲ 拍摄这个镜头使用的布光和相机设置，与第 247 页上的图像相同。

第 38 讲
库拉索波浪

▶ 使用 Translum 薄膜代替柔光箱
▶ 一种简单并可重复的波浪拍摄方式

拍摄波浪需要采用的方式与捕捉飞溅略有不同。本讲中的照片给人的印象是，波浪是当酒液倒入玻璃杯中时拍摄到的，但实际上却是玻璃杯的运动造成的。本讲会介绍如何采用最简单的方法来创造这种效果，并提供有关如何布置灯光来有效捕捉运动的技巧。

布 光

创造完美的波浪需要一些准备工作，但你可以在家中找到大多数所需要的零碎物品。我还是使用两块板子搭在浴缸上作为拍摄台，板子之间留出一定的间隔，将一张 Translum 用胶带粘到墙上当作弧形背景幕。为了制造波浪效果，我又使用了另一块平板，这次是镜像框玻璃，用来产生倒影，还有一只细长的香槟酒杯。我使用玻璃胶（透明胶带也可以）将玻璃板粘到板子上，然后将香槟酒杯粘到玻璃板上。为了产生可以控制的波浪，将香槟加满玻璃杯，然后将板子的一端提起 3—4 英寸，然后松手让板子落下。

在这个布光设置中，灯光需要来自后面。我先在 Translum 后面放置两只 YN-460 闪光灯（使用 RF-602 无线电触发器引闪）。在我第一次尝试拍摄时，这两只闪光灯掉到了浴缸里，所以我干脆将闪光灯布置在了浴缸里，朝上打光。

◀ 布光示意图和实景照片：Translum 弧形背景幕，从下面照亮背景的两只闪光灯，固定在玻璃板上的香槟酒杯，玻璃板粘在木板上。

▶ 有效的波浪拍摄需要精
心的准备工作。

佳能 EOS Rebel T1i ｜ EF
50mm F1.4 镜头，设定至
f/10 ｜ M模式 ｜ 1/125 秒
｜ ISO100 ｜ RAW ｜ 手动预
先对焦（关闭自动对焦）

相机和闪光灯设置

我使用的是 50mm 全画幅定焦镜头，在 APS-C 相机上相当于 80mm 的等效焦距，在相机与拍摄对象之间可以保持安全的距离。我将实时取景显示进行放大来手动预先对焦，光圈设为 f/10，保证足够的景深。闪光灯设置从 1/8 输出开始，然后根据试拍结果进行调整。在这种情况下，要在创造出波浪之前始终确保灯光恰到好处。波浪的运动比飞溅来得慢，因此可以使用稍长的闪光持续时间。如果使用两只闪光灯不能产生足够的光线，可以添加更多的闪光灯或提高感光度设置。

拍　摄

当一切设置完毕后，就可以把快门线连接到相机上，然后提起木板再将其落下，以此产生波浪。只要稍加练习，你就会掌握降落和完美释放快门的时间，一般第二次或第三次尝试时就能够捕捉到大波浪。

在 Photoshop 中进行后期处理

大多数的波浪照片都需要裁剪，可能还需要使用仿制图章工具（或类似工具）来去除将香槟酒杯粘到玻璃板上的透明胶带或玻璃胶。当然，也可以清除任何其他不需要的伪影，根据自己的感觉来调整颜色、对比度和锐度。我们后期处理之前和之后的照片见下页。请记住，原始拍摄的效果越好，需要进行的后期处理越少。

贴士、技巧及注意事项

尽管这杯酒看起来像高档酒，但其实它是用水和食用色素调制成的。

▶ 我采用的布光灵感来自贾马尔·阿尔阿尤比（Jamal Alayoubi）（www.flickr.com/photos/jamalq8/3734558512）。还有另外一种方法是使用滑板，参见文森特·里默施马（Vincent Riemersma）的布光设置（www.diypho- tography.net/creating-the-splash）。

▶ 请查看 AurumLight（http://blog.aurumlight.com/2011/04/20/milk-workshop-in-london），这是另一种根据牛奶得出的飞溅灵感。

▲ 原始图像（左）与经过后期处理的图像（右）。

第39讲
使用十字形感应器拍摄奇异果飞溅

▶ 如何设置经济有效的十字形感应器
▶ 如何捕捉到奶油飞溅

如果你在前面的水花飞溅拍摄中总不成功，则可以使用十字形感应器。在正确设置之后，每一个镜头应该都能够捕捉到漂亮的飞溅。但要注意：设置触发器可不是件简单的事儿。本讲中我使用的是 Jokie 牌触发器，Eltima 电子公司生产（www.eltima-electronic.de），售价大约 215 美元。这是一家德国公司，但也能以合理的价格向海外发货。另一种选择就是 Cognisys 出品的 StopShot，在美国有售，就算海外发货费用不算在内，也有点儿小贵。

触发器布光设置

这个布光设置使用了十字形感应器来释放快门，捕捉奇异果片落入装满奶油的鸡尾酒杯中的精彩瞬间。Jokie 牌感应器只有一个有源组件。发射器 / 接收器单元是系统仅有的组成部分，需要单独的电源，因该装置使用简单的猫眼反光镜作为配对部件。该装置随附一只电池盒以及两块直径分别为 20mm 和 40mm 的反光镜。所有组件都带有 1/4 英寸的螺纹，因此可以安装在标准尺寸的三脚架和灯架上。

除了电池之外，十字形感应器还需要一根连接电缆。要触发佳能相机或闪光灯，Jokie 牌感应器需要一根两端都是插头型的、2.5mm 规格的立体声电缆线。亚马逊（Amazon）购物网站有适合佳能和其他相机的电缆出售，如果是 Jokie 牌的话，厂家也有适用的电缆出售。

设置感应器时，将发射器与反光镜对准，直到发射器上的警告指示灯熄灭，然后将电缆连接到相机上。现在来设置你的闪光灯，先大概估算出掉落物体所需的高度。我们使用两只分别装有 RF-602 无线电触发器的永诺 YN-460 闪光灯。拍摄这类镜头时，可以给闪光灯装上束光筒或蜂巢，也可以就使用一块泡沫板来反射光线。

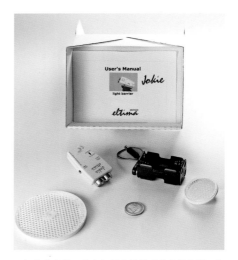

▶ 红外触发器，其中包括发射器 / 接收器装置、电池盒和两块反光镜。

▲ 奇异果飞溅，使用十字形感应器拍摄而成。

佳能 EOS Rebel T1i ｜ EF 50mm F1.4 设定至 f/8 ｜ M模式 ｜ 1/125 秒 ｜ ISO100 ｜ RAW ｜ 手动预先对焦（关闭自动对焦）

靠近场景放置一把直尺，然后掉落一个物体（例如橡皮擦）通过触发器的光束，以此测量系统中的延迟。在我们的布置中，测量到的高度大约为42厘米，松开掉落物体时到快门触发时之间的延迟是30毫秒。可以使用反光镜预升来减少距离和延迟。由于我们使用的是佳能 EOSRebel T1i，因此掉落高度减少到35厘米。当你知道这些数值后，就可以相应设置你的场景，然后使用一杯水来预先对焦并测试系统。闪光灯输出值应设置为接近其最低限度，保持闪光持续时间尽可能最短。相机可以设置为 f/8，1/125 秒及 ISO100，然后开始将水果掉落到液体中！

在我们的布光设置中，到发射器的距离大约为70厘米，对于这么小的物体，我们需要使用小反光镜让系统工作。在更昂贵的十字形感应器中，例如 Cognisys 的 StopShot，带有内置的延时电路，可以用来精准地确定掉落的时间。原装版本的 Jokie 没有这种功能，但具有一致的 0.13 毫秒延迟。如果你使用的是像这种简单的触发器，就需要较长的延迟，要么必须增加落下距离，要么不使用反光镜预升。

这种设置对于快门延迟时间较长的相机没有太大作用（例如，有些奥林巴斯相机，快门延迟高达 300 毫秒）。最好的解决办法就是房间变暗，将相机设为 B 门模式，打开快门，然后使用触发器而不是相机来引闪闪光灯。市面上有可以将大多数触发器连接到一系列闪光灯上的电缆线。如果有必要，可以将闪光灯作为光学从属设备进行引闪。

相机和闪光灯设置

我使用的是 50mm 全画幅定焦镜头，在相机上相当于 80mm 的等效焦距，在相机与飞溅之间

可以保持安全的距离。我使用放大的实时取景显示来预先对焦，光圈设定为 f/8，可以得到足够的景深。闪光灯设置从 1/8 输出开始，然后根据试拍结果进行调整。在这种情况下，要在创造出飞溅之前始终确保灯光恰到好处。我在背景闪光灯上使用了蓝色滤光片，在打亮飞溅的闪光灯上使用卷起来的黑卡纸作为束光筒。

▼ 我们的奇异果飞溅布光示意图和实景照片：经过蓝色滤光片的闪光灯打亮背景，装有束光筒的闪光灯照亮玻璃杯。

拍 摄

如果已正确预先对焦，并且拍摄装备设置正确，接下来要做的就是掉落物体，等待相机进行拍照。但是自动对焦镜头往往容易失焦，因此还要定期检查对焦点。

在 Photoshop 中进行后期处理

相机直出的这张照片拍摄效果看起来已经相当不错了，我要做的就是裁剪图像、调整对比度以及输出锐化。

贴士、技巧及注意事项

▶ 如果由于距离较长，在发射器和反光镜对准方面存在麻烦，可以先移动二者相互靠拢，直到发射器上指示灯熄灭，然后慢慢将其重新分开。每一步的对准调整操作都要让指示灯保持熄灭。

▶ Jokie 带有两个不同尺寸的反光镜，专门设计用于不同的场景。大反光镜适合于更远的距离，而小反光镜适合于小物体。在我的加仑子和奇异果布光中只能使用小反光镜。如果拍摄飞行中的鸟类或蝙蝠时，最好选择大反光镜。

▶ 在你掉落物体时，对物体施用的旋转动作会影响到飞溅的大小、方向和时间。只要稍加练习，你就能够单独通过手腕动作来控制飞溅。

▶ 牛奶比较适合于飞溅，但它比奶油稀薄，产生的飞溅效果较差。使用橄榄油和果冻来制造飞溅就非常棒。

▶ 如果你想打造自己的十字形感应器，在互联网上搜索"DIY cross-beam sensor trigger photo"（自己动手制作十字形感应器来触发拍摄）。DIYPhotography 上提供了布赖恩·戴维斯（Brian Davies）的详细制作设计（www.diyphotography.net/high-speed-into-primer-better-trigger-and-cherry-drops）。

▶▶ 同一次拍摄时的另外两
张奶油飞溅照片，拍摄参数
详见第 255 页。

第40讲
暗场拍摄马提尼飞溅

▶ 使用十字形感应器
▶ 利用暗场布光拍摄飞溅

暗场布光非常适合于由玻璃或其他高反光材料制成的物体。该技术利用侧光对物体表面实现擦光效果，会产生令人愉悦的美观感觉。本讲将把暗场布光技巧与飞溅巧妙结合起来。

布 光

在这次布光中，一块大挡光板挡住来自闪光灯的直射光，只允许漫射的间接光到达拍摄对象。这样一来，玻璃杯看起来几乎是全黑的，而轮廓周围带有明亮的强调光。要创造出这种效果，我在玻璃杯后面放置了一块反光板用来反射闪光灯的灯光，然后在反光板和拍摄对象之间插入一块挡光板。在玻璃杯的两侧分别再放置一块反光板，以此提供侧面强调光。

此次拍摄时，我使用了两只闪光灯，均设在1/2输出上，使用蒙上白纸的泡沫反光板，用于提供玻璃杯两侧的反光。

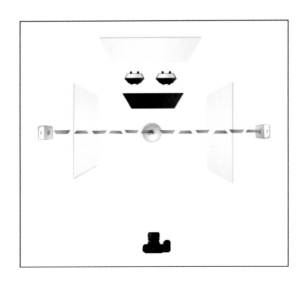

◀ 我们暗场拍摄马提尼飞溅的布光示意图：十字形感应器和产生暗场布光效果的大挡光板。

▶ 暗场马提尼飞溅。

佳能 EOS Rebel T1i ｜ EF 50mm F1.4 镜头，设定
至 f/8 ｜ M 模式 ｜ 1/125 秒 ｜ ISO200 ｜ RAW ｜
手动预先对焦（关闭自动对焦）

▲ 从相机角度（上）以及从场景上方（下）分别观看到的暗场飞溅布光设置。

相机和闪光灯设置

　　如果要保证有足够的光线达到拍摄对象，这种间接闪光需要高输出设置。与先前讲述的许多其他布光一样，始终可以添加另外的闪光灯来降低输出，因此可以降低每一闪光灯的闪光持续时间并产生更清晰的图像。其他基本设置（包括Jokie 十字形感应器）详见前一讲所述。

拍　摄

　　如果你已精确预先对焦，并选择了正确的设置，接下来你所要做的就是让物体（我们这次使用的是橄榄）落入拍摄使用的玻璃器皿中。自动对焦镜头往往容易失焦，因此需定期使用放大的实时取景显示来检查对焦情况。

在 Photoshop 中进行后期处理

　　除了清除指纹和灰尘颗粒之外，还要注意背景的黑色程度。有一种最简单的方法可确保深黑色，就是在 Photoshop 的色阶对话框中将黑色三角滑块朝着直方图的中心拖动，或者使用吸管工

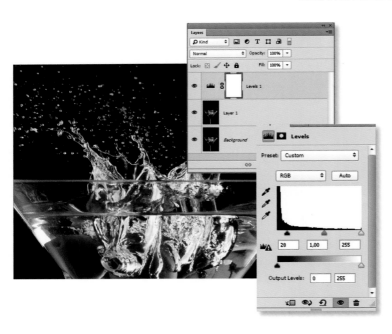

具对希望保持深黑色的区域进行取样。改变黑场设置，确保背景中的暗区是真正的黑色。

近于水。

贴士、技巧及注意事项

▶ 行家可能会注意到，在这些镜头中，与更高档的酒精饮料相比，马提尼的黏度和衍射指数更接

▶ 暗场布光通常用于桌面和产品摄影（第 17 讲和第 35 讲都是很好的例子）。在这本书最后的"附录"中，列出了大量实用的技巧和网站链接，提供更多有关这类内容和一系列其他摄影灯光场景的详细资料，其中包括反向反射和同轴灯光。

▼ 我们暗场拍摄飞溅的另一个镜头，使用的拍摄参数详见第 261 页。

附　录

以下各页详细说明了如何使用曝光值和闪光指数来计算闪光灯曝光，还有创建布光示意图的技巧，以及大量的资源、链接和进一步的阅读资料。最后还附有本书术语表，帮助你在"外闪客"旅途上畅通无阻。

附录 A
如何计算摄影的曝光

刚开始时，你可能会讨厌使用曝光值来进行计算，但到最后你一定会喜欢。乍一看，使用光圈曝光值和曝光时间等要素来计算曝光似乎很复杂，也没有这个必要，但在你发现基本参数是如何组合在一起之后，就会有很多的乐趣来优化你的图像。无论相机有多么高科技，获得完美曝光是相机无法做到的事情。相机根本就不知道本身是不是安装在三脚架上，镜头是否带有内置防抖系统，你是否更愿意选择长曝光时间而不是噪点低的短曝光时间，或者你是否使用额外的离机闪光灯。最后，计算曝光时你所需要的唯一技能就是简单的加法、减法和除法。

基础知识

实际上，目前所有的相机都有曝光补偿功能，其参数值使用曝光值（EV）这个术语来表示。EV是摄影曝光计算的基石，代表着光圈、感光度和快门速度的组合。总之，这些设置确定了到达传感器的光量（以及输出信号的幅度）。它们之间的关系可以使用下面的数学公式表示（如果你对这类内容不感兴趣，则可以放心地忽略掉）：

$$EV = \log_2\left(\frac{f\text{-数字}^2}{\text{曝光时间}}\right)$$

EV = 0 定义为 f/1.0 以及曝光时间为 1 秒钟。对第一个公式进行改写，将感光度值包括在内

之后，表达式如下：

$$EV_S = EV_{ISO100} + \log_2\left(\frac{ISO\text{速度}}{100}\right)$$

幸运的是，你很少会需要这类公式，因为有经验法则以更简单的方式来表达相同的概念，而且更容易掌握：

光圈序列、曝光时间序列、感光度值或闪光灯输出序列的每一个整挡级就意味着 ±1EV。

光圈值是通过一组数字序列来表示的，而这组数字是从计算 2 的平方根的幂得出的结果，具体如下：1、1.4、2、2.8、4、5.6、8、11、16、22、32，等等。这个序列的每一级都表示光圈孔的面积增加一倍（或减少一半），能够到达传感器的光量也因此相应增加一倍（或减少一半）。用数字表示时，每隔一个光圈值都是前一个值的两倍：1、2、4、8，等等；或者 1.4、2.8、5.6、11，等等。

曝光时间以 1 秒的若干分之一或若干倍来表示，并且每个增量都加倍（或减半）：1/1000、1/500、1/250、1/125、1/60、1/30、1/15、1/8、1/4、1/2、1、2、4，等等。曝光时间增加一倍（或减少一半），意味着到达传感器的光线增加一倍（或

减少一半）。

感光度值的数字表示的是一个简单的序列，通常以 50 或 100 开始，然后每一级增加一倍：ISO50、ISO100、ISO200、ISO400，等等。增加感光度值就增加了传感器的输出电压，并且每一级会将传感器的灵敏度增加一倍（或减少一半）。

闪光灯输出值表示为闪光灯装置最大（全功率）输出的若干分之一（1、1/2、1/4、1/8、1/16 等）。如果闪光灯是照片中的唯一光源，每一级增量会使到达传感器的光量增加一倍（或减少一半）。

一切就是这么简单！只要你记住这些简单的概念，接下来就只是具体实践的问题了。下表所示为随机选择的参数值组合，均实现相同的整体曝光结果。简单地说，每次你将一项参数值改变一整挡级或多整挡级时，就需要以相对方向将另一项参数值调整相同数量的增量级，才能实现相同的曝光结果（表 1 所示没有闪光灯时计算得出的曝光值，而表 2 则在计算中将闪光灯包括在内）。

闪光灯到主体的距离也是计算的一部分。其效果受平方反比定律支配影响：

闪光灯到主体的距离减少一半，到达主体的闪光灯光量则为原来的四倍。

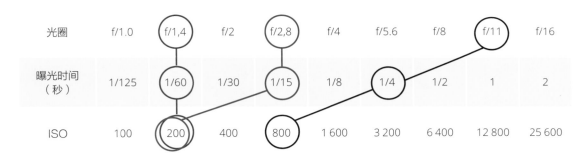

▲ 表 1：组合示例。需要注意的是，目前的相机通常以代表一整挡全光圈 1/3 的挡位进行调整。如果你将一项参数值增加了一个挡位的量，无须进行计算，只需将另外一项参数值减少一个挡位就行。即便相机也会提供半挡挡位，最好还是使用 1/3 挡的增量，因为闪光灯输出值通常也是 1/3 挡为增量级。

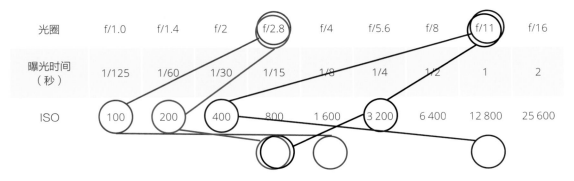

▲ 表 2：组合示例。需要特别注意一点：如果是由闪光灯完全照亮进行曝光的话，闪光持续时间决定着曝光时间。如果闪光持续时间与相机的闪光灯同步速度相同或者大于后者，曝光时间与最终曝光结果不相关。此表中的示例对于黑暗的房间和 1/125 秒的快门速度有效。

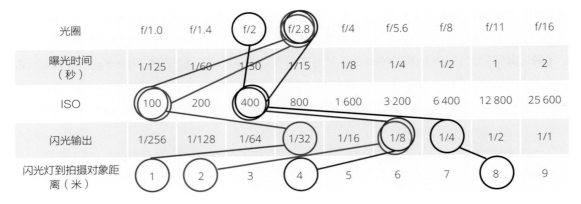

光圈	f/1.0	f/1.4	f/2	f/2.8	f/4	f/5.6	f/8	f/11	f/16
曝光时间（秒）	1/125	1/60	1/30	1/15	1/8	1/4	1/2	1	2
ISO	100	200	400	800	1 600	3 200	6 400	12 800	25 600
闪光输出	1/256	1/128	1/64	1/32	1/16	1/8	1/4	1/2	1/1
闪光灯到拍摄对象距离（米）	1	2	3	4	5	6	7	8	9

▲ 表 3：本表还假定环境光较低。

光圈	f/1.0	f/1.4	f/2	f/2.8	f/4	f/5.6	f/8	f/11	f/16
曝光时间（秒）	1/125	1/60	1/30	1/15	1/8	1/4	1/2	1	2
ISO	100	200	400	800	1 600	3 200	6 400	12 800	25 600
闪光输出	1/256	1/128	1/64	1/32	1/16	1/8	1/4	1/2	1/1
闪光灯到拍摄对象距离（米）	1	2	3	4	5	6	7	8	9

▲ 表 4：在一定程度上，在调整曝光时间时，可以从闪光灯光的效果中单独调整环境光的效果。调整的范围由相机的闪光同步速度来决定。

换句话说，闪光灯到主体的距离每减少一半或增加一倍，可以通过其他其中一个参数序列调整两级进行补偿，请注意不是一级。如果你坚持使用光圈、时间或感光度序列中的单个级别，在距离序列中需要使用开方（2）的倍数 =1.4 来计算。

如果我们把所有这些放在一起，假设你将环境光与闪光灯结合起来，整个事情就变得稍微复杂一些了。在示例中，我假设以 1/60 秒和 ISO400 的参数组合进行拍摄，在拍摄完的图像中包括了相当多的环境光，而且闪光灯对主体的曝光正确。然后，红色和绿色轮廓线表示的设置示例会产生相同的整体曝光结果（参见表 4）。

在外景地拍摄时，通常会先对环境光进行测光，然后再加入闪光灯光来适应自己的需要。这种方法让你只需调整曝光时间（参见下一节中的示例）就可以改变日光和闪光灯的比例。

也可以利用闪光灯反光板的变焦设置和灯光光效工具的选择来影响曝光。这些因素不太精确，无法用数学公式进行表示，但增加灯光光效工具，例如柔光伞，则到达传感器的光量会减少最多 2EV。

当你通过以下示例进行拍摄时，你只需要考虑一项因素，那就是可以手持拍摄而相机不会抖动的最长曝光时间。这方面有一个很好的经验规则：最长曝光时间 ≤ 1/ 焦距。如果你没有把握，那么可将最长曝光时间减少一半。

到目前为止，我们一直在使用刻度盘上向上和向下调整的相对曝光值进行计算，但曝光值也可以用与亮度这一物理概念相关的绝对值项来表示。也就是说，我们可以找到某些情况下的曝光值，而无须对其进行测量（以下示例均来自维基百科"曝光值"页面）：

着火的房子	$EV_{ISO100} = 9$
圣诞树灯光	$EV_{ISO100} = 4$ 到 5
晴朗的天空	$EV_{ISO100} = 15$
多云的天空	$EV_{ISO100} = 12$
北极光	$EV_{ISO100} = -6$ 到 -3

计算示例

没有闪光灯

即便你的兴趣点主要在于闪光灯摄影，但以下非闪光灯的示例对于曝光值的考虑也非常有用，你会掌握在拖动快门时如何有效地混合闪光灯和环境光。

在弱光时调整感光度值 | 假定你在教堂内使用中焦变焦镜头设置为 30mm 进行拍摄。在 P 模式下（ISO100）时，相机会显示出 f/4 的光圈值和 1/4 秒的曝光时间。这个快门速度显然太慢，而且会导致相机震动，但是镜头已被设置为最大光圈。解决这个问题的办法就是将感光度增加到 ISO800，这样你就可以有另外的三个整挡可用（即: 1/4 → 1/8 → 1/15 → 1/30 秒）。这样一来，新的拍摄参数组合变为 ISO800、f/4 和 1/30 秒，这就能够手持拍摄了。你可以在 M 模式下手动设置这些参数值，或者只改变感光度值。在 Av 或 P 模式等自动模式时，相机则会自动相应调整其他参数。

弱光及防抖系统 | 情况与前面的示例是一样的，但这次你使用的镜头带有内置光学防抖系统——可是相机没有办法了解图像稳定系统。还是那样，P 模式在 ISO100 时显示出 f/4 和 1/4 秒。防抖系统可以让你比平时慢最多 4 挡进行拍摄，这样一来，你就可以放心地将感光度调整为 ISO200，仍然能够在相机不会震动的情况下拍摄出噪点很低的图像。

风光 | 这次是你使用装有 10mm 镜头的 APS-C 相机拍摄辽阔的风光。在 P 模式和自动 ISO 模式，相机显示为 f/8 和 1/1000 秒。但是，你希望拍摄出最大的景深。曝光时间的余地很充足，因此在 Av 或 M 模式下你可以放心地切换到 f/22，这样就降低了 3 挡进光量（8 → 11 → 16 → 22）。感光度仍保持为 ISO100（注意，有些尼康相机的最低感光度是 ISO200），所以必须相应地减少曝光时间，从 1/1000 → 1/500 → 1/250 → 1/125 秒，在手持拍摄 10mm 镜头进行拍摄时没有任何问题。

明亮、晴朗天空下的风光 | 在这种情况下，相机设置为自动，相机建议的参数组合是 ISO100、f/8 光圈和 1/500 秒，但试拍后发现，有一部分的天空高光溢出。解决的办法就是使用 Av 模式以及 1 或 2 挡的负曝光补偿。由此得到的参数设置是 ISO100、f/8 光圈、1/500 秒、-2EV 曝光补偿。这相当于 M 模式时的 ISO100、f/8 和 1/2000 秒参数设置组合。这组参数设置可以使天空正确曝光，但地上风景有些曝光不足，如果是以 RAW 格式拍摄的话，在 Photoshop 中很容易解决这个问题。

在三脚架上使用中灰密度滤镜进行风光拍摄 | 中灰密度（ND）滤镜有助于在明亮的阳光下保持较长的曝光时间，而且可以在白天拍摄到模糊的瀑布流动。1000 倍 ND 滤镜能够另外提供 10EV 的余地，将可用的曝光时间延长到其原始值的 1024 倍

（1→2→4→8→16→32→64→128→256→512→1024）。对于人眼来说，这种滤镜看起来就是全黑的，而且也会致使相机的测光表不起作用。但是，你可以先不装上滤镜进行试拍，在我们这个例子中，试拍镜头表明 ISO100、f/11 和 1/30 秒的组合就可以得到曝光良好的图像。

现在，一种办法是安装上滤镜，然后将相机设定为 ISO100、f/11 和 32 秒。但是，这意味着你必须等待 32 秒才能看到每次试拍的结果。如果以 ISO800、f/11 和 4 秒的参数组合进行试拍，就可以快得多。在你知道基本曝光正确以后，可以微调参数设置，以 ISO100 进行几次长时间曝光。

在白天进行产品拍摄 | 这涉及在白天时阴暗的漫射光条件下为易趣网拍卖会拍摄一件首饰这样的情况。在相机上配一只 50mm F1.4 的定焦镜头，并安装在三脚架上。使用快门线以反光镜预升模式释放快门。相机本身是不知道自己被安装在三脚架上的；在自动模式时，它往往会打开弹出式闪光灯以 ISO400、f/4 和 1/60 秒的参数组合进行曝光，导致很可怕的曝光结果。

如果在关闭闪光灯后切换到 P 模式并使用 ISO100，相机则会推荐使用 f/1.4 和 1/8 秒的快门。这组参数没错，但其提供的景深不足。要以预期的 f/11 光圈和 ISO100 进行拍摄，则必须将曝光时间设置为 8 秒（即与缩小光圈进行相应调整，慢 6 挡）。如果试拍后发现略微有些曝光过度，只需切换到 M 模式，并使用 ISO100、f/11 和 4 秒的组合参数即可。

阳光作为逆光的肖像 | 这是在阳光作为逆光的条件下，拍摄到背景稍微过曝的肖像，即阳光从拍摄对象的身后散射出来。这种情况下，相机的自动曝光控制系统会试图在背景曝光和前景曝光之间寻求折

中，但完全行不通。

其解决的办法就是对拍摄对象的脸部进行点测光。在 ISO100 时，测光结果大约应该是 1/200 秒和 f/2.8。要使背景有意过曝的话，可在 M 模式下将曝光时间改变为 1/100 秒并调整设置，因此也不必每一个镜头都要重复这个过程。

多云白天条件下，戏水盆中的鸟和水花飞溅 | 如果使用长焦变焦镜头设置为 250mm，最大光圈设置为 f/6.3，以自动模式拍摄这种场景时，相机会选择 f/8 和 1/200 秒，而且会打开闪光灯并使用 ISO400。如果在 P 模式下使用自动 ISO 并关闭闪光灯，相机会选择 1/400 秒、f/7.1 和 ISO 400。那么你会怎么做？

在这种极端情况下，使用 M 模式，选择 ISO800、1/1000 秒和 f/6.3。为了成功凝固住飞溅的水花和鸟翅膀的飞舞动作，需要使用全开光圈，但会增加一些图像的噪点。

使用已知值设置曝光 | 在这次练习中，我们看到的是多云天空下的一道风景。我们希望在不使用曝光表的前提下对照片进行曝光。多云的白天在 ISO100 时的曝光值通常为 100。如果你还不知道某些情况下的曝光值，可以在维基百科的"曝光值"页面上查找。在本"附录"的前面曾提到过，0EV 是在 ISO100 时以 f/1.0 拍摄 1 秒钟的结果。

将你的相机设置为 ISO100（其他值需要你使用本"附录"开始部分提供的公式重新进行计算）。如果你接下来选择了 f/8 的光圈，所选择的曝光时间就需要相当于 f/1.0—f/8 相差的 6 挡（1→1.4→2→2.8→4→5.6→8）。这占用了 0—12EV 相差的一半（我们的目标值）。也可以通过选择 1/60 秒的曝光时间再占用去另外一半（1→1/2→1/4→1/8→1/15→1/30→1/60）。

最后的设置组合因此是 ISO100、f/8 和 1/60 秒。

尽管最初看起来很复杂，但这些基础知识有助于你快速估算出标准情况下图像正确曝光所需要的参数设置。

使用闪光灯

摄影工作室工作坊：讲师用尼康，而你只有佳能 | 在这种情况下，你的肖像工作坊老师建议你在他设定的灯光布光中使用 f/8 和 1/125 秒进行拍摄，但你发现图像曝光不足。

尼康相机和佳能相机使用的测光参数不一样。一些尼康相机的感光度范围从 ISO200 开始，如果有人使用以 ISO100 为起点值的佳能相机进行拍摄，就会导致效果不同。这就是为什么你拍摄的镜头总比老师的暗一挡。由于工作坊还有其他学员，因此你不能改变闪光灯设置，而且由于闪光持续时间很短，就算调整曝光时间也不会有什么不同。增大光圈会减小景深，所以唯一的解决方法就是将感光度值加倍到 ISO200。

在摄影工作室内使用预设灯光进行小组拍摄 | 你参加了一个摄影工作室拍摄小组。你的朋友按照他的 85mm f/1.8 镜头布置完了灯光，他使用的参数组合是 f/2、ISO100 和 1/200 秒，但你的变焦镜头最大光圈是 f/2.8。

和前面提到的例子一样，你不能改变灯光，改变曝光时间也不会影响到闪光持续时间。这次的解决办法还是将感光度增加到 ISO200。

使用多只镜头进行背景虚化的时尚拍摄 | 使用闪光灯打光进行时尚拍摄时，你将具有防抖性能的 70—200mm f/2.8 变焦镜头换成 50mm f/1.4 镜头。相机预先设定为 ISO640 和 1/80 秒，而且你希望保持相同的闪光灯设置，并继续使用大光圈，形成令人愉悦的背景虚化效果。你开始先以 f/2.8 拍摄，然后换为 f/1.4。后来你又将镜头换成 50mm f/4.0 Lensbaby。

第一次更换镜头后，可以将感光度设置为 ISO160 进行补偿，第二次换镜头后，将感光度提高到 ISO1280 进行补偿。曝光时间保持不变，而且闪光灯和环境光的组合效果也保持不变。

飞溅照片 | 使用摄影工作室闪光灯拍摄室内场景的飞溅时，你发现图像不够锐利，与你想象的效果不一样。你应该还记得，系统闪光灯会比摄影工作室闪光灯更快，因此你应该使用设置为低输出的系统闪光灯重新构建自己的布光设置，但是相机现在设置为 ISO100，你缺少 2EV 的灯光强度。

如果没有足够的闪光灯输出，首先一步就是增加闪光灯的数量。闪光灯增加一倍就能够提高 1EV 的曝光。对于这种情况，你需要使用 4 只闪光灯，一只闪光灯远远不够。或者，你也可以使用两只闪光灯，然后将感光度增加一倍到 ISO200。

闪光灯管 | 你在家庭工作室使用便宜而且不可调节的闪光灯管时，最初先以 ISO200 进行试拍，而且没有使用光效工具，试拍结果是过曝 2 挡。

有很多种方法可以用来处理这种情况，但各有优、缺点。将闪光灯到拍摄对象的距离增加一倍会改善整体灯光效果，但光线会更生硬；将光圈缩小 2 挡会纠正曝光问题，但景深会更大。使用柔光伞也能解决问题，但光线会更柔和。在镜头上使用 ND4 滤镜会将曝光变为 -2EV，但削弱了整体图像品质。最好的解决办法就是使用低感光度模式。例如，佳能 EOS 5D Mark II 的感光度设置就能够从 ISO200 降低至 ISO50。折中的办法是使用 ISO100，并将闪光灯到拍摄对象的距离增加 1.4 倍。

利用闪光指数克服阳光的影响 | 这次的场景是在明亮的中午阳光中，使用闪光灯拍摄。太阳在模特的背后，你想使用佳能 Speedlite 580EX II 闪光灯作为主灯光（而不是作为强调光）。以 ISO200 对环境光进行测光得出光圈应设为 f/16，这很典型，符合阳光 16 法则。在这种场景时，当你使用的是 50mm 标准镜头时，可以使用闪光灯进行拍摄吗？你能根据闪光灯的闪光指数估算出曝光值吗？

答案是肯定的，但要做出一些让步。如果将闪光灯焦距设定至 50mm，与镜头相配，闪光灯用户手册上说明相应的闪光指数是 42（米）。按照公式 A=GN/B 计算 ISO100 时的闪光距离（米），则可以得出 A=42/16 ≈ 2.6 米。但是有一点，这种方法要求在全功率输出时使用闪光灯，而且不使用任何光效附件，因为这会减少到达拍摄对象的光量。要想使周围环境欠曝，上述设置则没有更多的余地——如果有便携式大功率摄影工作室闪光灯则可以采用这种技术（在德国称之为搬运工）。但可以使用 ND 滤镜来增大光圈，从而减小景深，不会影响到整体曝光。在这种情况下，将闪光灯旋转 90°，对于以肖像形式拍摄的站立模特来说，可提供更加均匀的灯光。如果你需要弄懂焦距和闪光灯扩散角度之间的关系，请查看维基百科"视角"（Angle of View）的页面。

使用闪光灯拍摄傍晚和夜间城市街景，创造出更多背景虚化效果（效仿达斯汀·迪亚兹）| 你的目标是在城市夜晚的场景中拍摄出背景虚化的肖像，就像达斯汀·迪亚兹的那些作品一样（www.flickriver.com/photos/polvero/popular-interesting/）。你使用的是 70—200mm f/2.8 IS（防抖）镜头，光圈和焦距都设在最大值。对环境光测光时，相机选择的参数组合是 1/200 秒、f/2.8 和 ISO2500。对于这款防抖镜头有没有其他更合理的

设置？

相机不知道你所使用的镜头是防抖的，所以它会选择非常高的感光度值。由于图像防抖提供了额外的 4 挡曝光，因此可以将曝光时间设置为 1/50 秒（慢 2 挡）而不会有任何问题。这样也可以将感光度降低到 ISO640 并保持 f/2.8 的大光圈。如果你自己没有把握是否能以 1/50 秒手持拍摄，则可设置为 1/100 秒，然后将感光度提高到 ISO1280。在这种情况下拍摄，如果你使用的是不防抖镜头，可以使用独脚架并将快门速度保持为 1/50 秒。在这样一个敏感的级别上，闪光灯并不需要产生很多光，因为相机被设置得很敏感，对于裸闪光灯来说，1/32 输出应该没问题。如果你想使用光效附件，那么最好从 1/8 输出开始。

在白天漫射光情况时使用闪光灯 | 假设在多云的午后进行露天时尚拍摄。在自动模式下，相机点测光选择了 1/100 秒、f/5.6 和 ISO200 这组参数，此时所拍的照片中，模特的曝光会是正确的，但其图像效果会很没有灵气。

你可以添加闪光灯，让拍出的照片更有趣味，但要注意：由于拍摄对象已经正确曝光，你必须改变相机设置，避免曝光过度。解决的办法是提供大约 −2EV 的曝光补偿，让周围环境欠曝，参数组合因此变为 ISO100、f/5.6 和 1/200 秒。然后可以添加一只离机闪光灯打亮拍摄对象，而不必担心会削弱相机的同步速度。单只闪光灯不加光效附件时，应当能够提供充分的光线（另请参见前面"利用闪光指数克服阳光的影响"的示例）。

计算同步速度 | 使用带有快速叶片快门并配有专用热靴的便携型相机（例如佳能 Power Shot G10），则可以使用超短的曝光时间，使周围环境曝光不足，让天空具有更加戏剧性的感觉。在这种

情况下，使用两只离机闪光灯，均设为全功率输出（不加光效附件），分别放置在拍摄对象的前面和后面，然后以 1/400 秒、f/4 和 ISO100 进行拍摄。使用焦平面快门的单反相机可以重现这种场景吗？

倒是可以的，但比较麻烦。大多数数码单反相机的标准闪光同步速度是 1/200 秒，场景会过曝 1 挡。但只要将光圈缩小 1 挡或将感光度降为 ISO50，则相当于闪光灯输出减少 1EV。将闪光灯到拍摄对象的距离减少 1.4 倍，也会解决闪光灯输出问题，但拍摄对象可能不会被充分打亮。最好也可能是最简单的办法就是，将两只闪光灯增加一倍，也就是使用四只闪光灯，然后并行引闪。

长距离反射闪光| 假如你正在蓝色时段（编者注：指日出之前或日落之后天空呈现为纯净蓝色的短暂时段）拍摄肖像，外景地非常漂亮，但环境光线太弱，你随身带了一只闪光灯，但没有三脚架，也没有无线电触发器，所以只能把闪光灯安装在相机上。唯一可以利用的反光工具是白色的墙壁——大约在 10 米以外。将闪光灯光打到墙上再反射回来，整整是 20 米的距离，这有意义吗？

相机设置为 1/50 秒、f/2.8 和 ISO200。将闪光灯反光板设置为 105mm 焦距，闪光指数则为 58（ISO100 时）。你可以将闪光反射通过这么长的距离，但要提高相机的感光度，而且不改变周围场景的曝光——参数组合则是 1/200 秒、f/2.8 和 ISO800。在长焦设置时，闪光范围 A，可由下式得出：

$$A = \frac{GN}{B} \sqrt{\frac{E_F}{E_L}}$$

其中，GN 是闪光指数（米），B 是光圈值，E_F 是所选择的感光度值（此处是 800），E_L 是感光度基值（此处是 100）。

于是得出：A = [(58 ÷ 2.8) × 2.8] m = 58m

当然，墙面没有镜面那样有效，但可能会损失 2EV 或 3EV，这种设置还是可以让闪光灯光反射通过整整 20 米的距离。

在这种情况下，使用黑泡沫软片或束光筒，防止直射光线照到拍摄对象身上，还应使用闪光灯曝光补偿，对拍摄效果进行平衡。根据具体所使用的相机型号，可能需要将曝光补偿设置为 +1 或 +2。还有另外一种方法，就是将闪光灯设置为手动模式和全功率输出，你可能会需要这样。反复检查反射角度，确保能够获得最多的反射光。

以不同的距离反射闪光| 假如在一场婚礼上，你正在使用机顶 TTL 闪光灯，要利用墙面反射的闪光进行拍摄。墙壁距拍摄对象不是很近，但你可以使用感光度设置，人为增加闪光的效果。假定采用几乎全功率的闪光灯输出、ISO100 和 f/6.3 这一相对较小的光圈，能够拍摄出灯光很好的人像照片。墙壁距离拍摄对象大约 2 米，闪光灯光的反射距离就是 4 米。如果你移动到距离墙壁 4 米或 8 米的位置，要怎样才能以相同的光圈来保持拍摄？

最明显的办法就是增加感光度，但要记住一点，到光源的距离增加一倍，感光度设置就要变为原来的四倍。换句话说，在距离墙壁 4 米之处，光线要通过 8 米，所以你必须将感光度增加到 ISO400。在距离 8 米之处，需要把这个值翻两番，也就是 ISO1600。

实际上，你可能不会使用这么高的 ISO 设置，因为地板、天花板、家具以及房间里的其他人都会充当辅助反光工具。也可以将光圈再加大一点，但这会改变景深，影响图像的效果。本例中，我选择的是 f/6.3，因为经过试拍之后，全功率闪光灯输出时，这个值比较理想。在实际拍摄时，你始终都可以使用更大的光圈来增加闪光范围。

调整背景亮度 ｜ 假如你使用环形闪光灯拍摄白色背景前面 2 米处的人像。你如何才能让背景欠曝 2 挡？

平方反比定律告诉我们，点光源所产生的光的强度与光源和被照射对象之间的距离的平方成反比。如果你知道闪光灯与拍摄对象的距离，就可以利用平方反比定律来弄清楚如何设置你的相机，让背景欠曝到你希望的挡数。如果在距离 2 米之处的拍摄对象被正确打亮（即闪光灯的光线 100% 达到拍摄对象），那么，只要背景在模特身后 2 米的位置上，背景就会欠曝 2 挡（-2EV），换句话说，只有 25% 的闪光灯光能够到达背景。

计算 HSS 模式时闪光曝光 ｜ 假设你采取尼尔·凡·尼克尔克的整组光方法，在明亮的阳光下使用闪光灯拍摄。尼尔并行使用四只闪光灯并采用 HSS 模式，巧妙地避开闪光同步速度的限制，这样他就可以采用非常短的曝光时间和大光圈。这种方法的不足是，需要多只价格昂贵、具有 HSS 功能的系统闪光灯以及相同数量、具有 HSS 功能的普威无线电触发器。尼尔在原始的整组光方法拍摄时，参数组合是 1/8000 秒、ISO100 和 f/2，采用 HSS 模式（有关详细信息，参见尼尔的博客：http://neilvn.com/tangents/using-mul-tiple-speedlights-with-high-speed-flash-sync/）。

但是若不使用 HSS 模式，也不使用这么多昂贵的装备，你能够创作出同样效果的照片吗？

要解决这个问题有些难度，但很有趣。尼尔使用佳能 EOS 5D Mark II 相机和四只佳能 Speedlite 580EX II 闪光灯，闪光灯设为 HSS 模式，而且我认为，它们都是全功率输出。解决这个问题的窍门在于使用 ND 滤镜。

计算环境光曝光

对环境光进行曝光时，以下各组参数提供的整体曝光均相同：

1/8000 @ f/2

1/4000 @ f/2.8

1/2000 @ f/4

1/1000 @ f/5.6

1/500 @ f/8

1/250 @ f/11

显而易见，对于未设置为 HSS 模式的闪光灯，我们可以使用的最短曝光时间为 1/250 秒。（为了更精确一些，1/200 秒才是佳能闪光灯的同步速度，但在这个例子中，1/250 秒更容易计算一些）。

我们还需要弄清楚如何使用和尼尔相同的光圈，保持相同的浅景深和一样的整体形象。使用密度为 -5EV 的 ND32 滤镜就可以达到这个目的。曝光时间将会增加 32 倍（1→2→4→8→16→32）。按照相同的倍数来调整光圈，得出参数设置组合是 1/250 秒和 f/2。

计算闪光灯曝光

我们现在需要验证一下，使用新的相机设置后，闪光灯设置是否仍正常有效。因此，先看一下切换到 HSS 模式的影响：在曝光时间处于非 HSS 闪光灯的极限值上（即大约 1/250 秒）的情况下，切换到 HSS 模式后，闪光灯输出会降低到 1/4（即 -2EV），这是因为 HSS 模式使用一种非常规的频闪式闪光。此外，在 HSS 模式时，还必须按照连续光来计算曝光（因为闪光灯现在是作为一个连续光源进行工作）。换句话说，需要将曝光时间考虑在内。因此，在 1/250 秒时失去 2 挡的曝光，在 1/500 秒时失去 3 挡（-3EV）曝光，而在 1/1000 秒时则为 4 挡（-4EV）。要想通过光圈来对此变化进行补偿的话，光圈的调整则必须是 f/11 → f/8 → f/5.6 → f/4 → f/2.8。这样一来，以下两组参数产生的曝光结果是相同的（两个时间，闪光灯为最大输出）：

· 正常闪光灯，1/250 秒，f/11
· HSS 闪光灯，1/1000 秒，f/2.8

如果你的工作支持的话，那就采用尼尔的原始设置：

1/1000 @ f/2.8
= 1/2000 @ f/2.0
= 1/4000 @ f/2.0，使用两只闪光灯
= 1/8000 @ f/2.0，使用四只闪光灯

注意：对此，我们很幸运，因为这是一个确定的基本点。请记住，你也可以改变闪光灯功率或使用的闪光灯数量，如果需要的话，还可以改变闪光灯到拍摄对象的距离或者是闪光灯反光板的焦距设置。借助这些参数，就可以很容易地调整设置，以此来适应佳能 EOS 5D Mark II 相机的 1/200 秒同步速度（我们使用的是 1/250 秒，略微简化了计算）。

在明亮的阳光下，使用 HSS 闪光灯凝固水花飞溅 | 前不久，我看到了一些照片，是在普威 TTL 和 HSS 功能无线电触发器的广告活动上刊登的。照片内容是模特在湖中戏水的场景，在明亮的午后阳光下以 1/4000 秒拍摄而成。这些照片很棒（具体请登录网页：http://www.pocketwizard.com/inspirations/profiles/lammerhirt），如果不使用 TTL 功能的无线电触发器，我不知道自己如何才能花更少的钱来创造出同样的效果。

拍摄样品照片的设备和具体设置是：佳能 EOS 5D Mark II 相机、EF 24—70mm f/2.8L 镜头设置为 f/6.3 和 35mm、1/4000 秒的快门速度，

ISO200 和单只美兹 60 CT4 闪光灯设为 35°。闪光灯在 ISO100 和 35°时的闪光灯指数是 60 米（可能是全功率输出）。

在这种广角变焦设置时，该闪光灯还具有如此之高的闪光灯指数，使其独树一帜，当然，我们可以使用多只闪光灯来复制这只闪光灯的强大能力。对于这个场景的其余部分，我们还需要有多只佳能 Speedlite 580EX II 闪光灯和 TTL 电缆。

根据佳能公布的资料，单只 Speedlite 580EX II 在其 35°焦距设置时，闪光灯指数是 36 米。添加一只或两只以上的闪光灯之后，相当于感光度增加到 ISO200 或 ISO300。因此相应计算如下：

$$GN_{新} = GN_{原} \cdot \sqrt{\frac{ISO_{新}}{100}}$$

其中，$GN_{原}$ 是原来的闪光灯指数（在我们的例子中，ISO100 时为 36），$GN_{新}$ 是新的闪光灯指数，使用新的感光度值后得出的结果。如果我们使用两只或三只闪光灯，我们得到的新闪光灯指数就是大约 50 或 62 米。使用三只 Speedlite 580EX II 闪光灯，或者两只 580EX II 加上一只 430EX II 闪光灯，就可以模拟出相同的效果。在 HSS 模式下，按照如下办法可以创造出这种效果：

▶ 所有闪光灯均设置为手动模式、HSS、全功率输出，以及 35°。

▶ 将其中一只 580EX II 闪光灯作为主灯，使用 TTL 闪光灯电缆连接到相机上（430EX II 只能配置为从属设备）。

▶ 将其他闪光灯配置为从属设备，然后和主灯一样，安装在同一个灯架上。如果需要的话，可以使用一小片铝箔，将主灯的光学控制信号转向从属闪光灯的接收器，接收器位于闪光灯正面 AF 辅助发射器的上方。

我不知道摄影师为什么要使用 ISO200。或者

是摄影师的疏忽，但也有可能是有意为之，为了保持曝光时间足够短，可以凝固飞溅的瞬间，因为是太阳光打光的，而不是闪光灯。当然，同样的计算也完全适用于 ISO200。

连续光源与闪光灯 | 这个练习很有趣，但也挺复杂。拍摄的布光设置是：使用佳能 Speedlite 430EX II 闪光灯，变焦反光板设置为 35°，以 1/16 输出引闪。相机设置为 ISO100 和 f/16，拍摄对象距离为 0.5 米。然后闪光灯换成一只 35 瓦的小卤素灯，也有 35°的扩散角。要使用多长时间的曝光才能创造出和闪光灯一样的效果？

通过在互联网上搜索，我们查阅到 430EX II 具有 40 瓦秒（Ws）的输出，在 1/16 输出时，相当于 2.5 瓦秒。卤素灯的效率要低于该值。在维基百科搜索"光效"（luminous efficacy）发现，氙气闪光灯通常为 7% 的效率，而卤素灯大约是 2.8% 的效率。这些值让我们得出以下计算：

35 W × 曝光时间 = 2.5 Ws ×（7% / 2.8%）

曝光时间 ≈ 0.2 秒

我对此进行了测试，发现在采用给定的拍摄参数时，两个光源提供了几乎相同的曝光。因此，我们的计算结果应该是正确的。

平方反比定律 | 在第 17 讲中，我们运用平方反比定律来弄清楚如何才能更均匀地照亮一个场景。其中提到了距离值，但我们省略了精确计算，这是为了让说明文字简单一些。

但请记住，光照度最初从 100% 降到 25%，然后变为 56%。平方反比定律告诉我们，由点光源提供的光照度（E_V）与光源到所照亮对象的距离的平方成反比：

$$E_V \propto \frac{1}{r^2}$$

或者

$$E_V = k\frac{1}{r^2}$$

其中，E_V 是光照度，单位是勒克斯（lux）。

在我们这个例子中，闪光灯到硬币左边缘的距离是 30mm、到硬币右边缘的距离是 60mm。我选择了常数 k，使得 $E_{V·左}$ 是 100（即 100%）。因此 $k = 90000$。按绝对值计算，对于硬币右边缘上的光，计算方法如下：

$$E_{V·右} = 90000 \times \frac{1}{60^2} = 25\%$$

将同一公式应用到下面的图像，我们得出以下结果：

$$100 = k \times \frac{1}{90^2}$$

因此，$k = 810000$，然后可以得出：

$$E_{V·右} = 810000 \times \frac{1}{120^2} = 56.25\%$$

计算表明，增加闪光灯到拍摄对象的距离，对于拍摄对象整个宽度的灯光效果不会造成太严重的下降效果。在拍摄一群人时，这一点非常有用，需要牢牢记住。将闪光灯移动得稍远一点会减少照亮前排人群的光线与照亮后排光线之间的差别——当然，此时需要更多的闪光灯光输出。但请注意，不要将光照度（E_V）与曝光值（EV）混淆！

附录 B
布光图创建工具

如果你花了很多时间创造出灯光布光，那么你需要找到一种方法将它记录下来。最简单的方法就是使用笔记本和铅笔，但也有许多技术工具可以使你的工作更容易些，只要你使用一台电脑、平板电脑或智能手机就行。灯光布光的数字文件非常适于上传到你的博客或与他人共享。本"附录"中介绍了市面上一些功能强大的工具，并列出各自的优、缺点。

你最初可以根据示意图的直观性和易用性来选择一款工具。但是，如果你计划以商业用途或在博客上发布，就需要查明这款工具是否允许这样做。以下章节要讨论一些许可证方面的细节，在本书印刷之际，有关内容还是准确无误的，但在你使用其中一款工具之前，还是要查阅一下有关信息是否为最新版本。

在线工具的最大优势就是，往往会有一个社区，专门致力于改善其功能，而且其用户也在社区里交流自己的布光图和理念。

Sylights
www.sylights.com

▶ 这款软件是基于浏览器的，而且在 iPad 上也可以运行。

▶ 可以免费用于博客、网络杂志和个人网站。如

非常感谢奥利维尔（Olivier）和 Sylights 团队全体人员的大力支持，并允许我在本书中使用他们这款绝妙的产品。

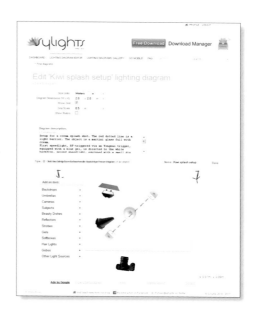

果要用于商业用途，Sylights 团队要求你预先与他们联系。他们允许我在本书中免费使用 Sylights。如需了解更多信息，请联系 olivier. lance@sylights.com。

▶ 我非常推荐这款产品。他们在下一版本中，计划增加文本框和其他功能。他们有一个很大的社区，其中有许多布光实例。

Lighting Diagram
www.lightingdiagram.com

▶ 这款工具是基于浏览器的。

▶ 该产品免费供私人使用。如果是商业用途的话，
每张高分辨率布光图收费 2 美元。

▶ 布光图中的图形符号很漂亮，也很容易使用，而
且不算太贵。图形符号不能缩放，但这项功能
正在产品开发中。

▶ 他们有一个比较大的社区，其中有大量的布光
实例。

GPL 灯光符号
www.fotopraxis.net

你可以从 Fotopraxis.net 德语网站上下载这款
工具，然后在搜索框中输入 "lighting symbols"（灯
光符号）。（请注意，尽管这是一家德语网站，但
这只是下载一个压缩的 Photoshop 文件，只要有
Photoshop 就可以使用）

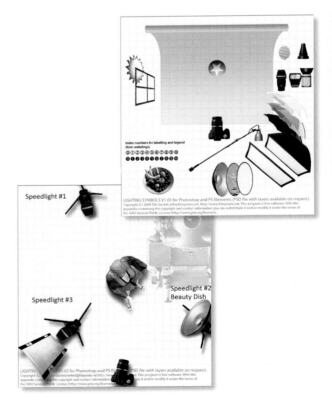

▶ 有一套符号图集，可在 Photoshop 和 Photoshop
Elements 图层上使用。

▶ 这款产品有 GPL 许可证，仅供个人使用。要用
于商业用途，请联系 kontakt@fotopraxis.net。

▶ 这是我自己的符号图集，还在持续开发中。这
种基于 Photoshop 的方法有一个最大的优点，
将灯光符号与其他对象混合在一起时确实非常
容易。

凯文 · 克孜的布光图集
www.kevinkertz.com

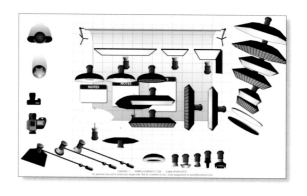

- ▶ 这些布光专门在 Photoshop 图层堆栈中使用。
- ▶ 图形符号仅供个人使用。
- ▶ 凯文 · 克孜（Kevin Kertz）明确不同意使用者发布克孜自己的符号（在书、杂志中等），而且没有商业许可证。

Lighting Diagram Creator
www.lightingdiagrams.com

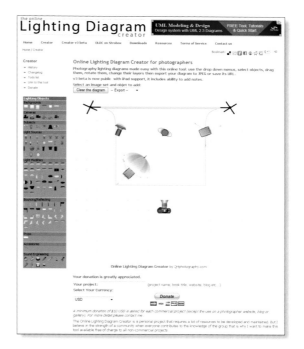

- ▶ 该产品是基于浏览器的。
- ▶ 每个商业项目收费 10 美元，私人使用则免费。包含全套图形符号的高分辨率 PSD 文件售价为 150 美元。
- ▶ 这款软件可与 Strobox(strobox.com)结合使用。其中有大量的图形符号，但只有比较初步的外观。

    以下两家网站提供灯光布光图和图形符号，有一定的帮助作用，但是功能没有前述那些工具强大：

- ▶ 摄影布光图: www.professionalsnapshots.com/PhotoDiagram
- ▶ Photo Studio Buddy（适用于安卓系统）: http:// de.androidzoom.com/android_developer/pixvision- software_hfud.html

附录 C
其他资源

网 站

▶ **大卫·霍比（David Hobby）：** 博客、学习材料，以及非常出色的 Strobist 101 和 Strobist 101 教程：

http://strobist.blogspot.com

http://strobist.blogspot.de/2006/03/lighting-101.html

http://strobist.blogspot.de/2007/06/lighting-102-introduction.html

▶ **资料库：** 综合镜头测试数据库，还包含有关解析度、晕影、最佳光圈等方面的资料：

http://www.slrgear.com

http://www.the-digital-picture.com/Reviews

▶ **尼尔·凡·尼克尔克（Neil van Niekerk）：** 博客和视频，以及许多有趣的学习材料、技巧和测试：

http://neilvn.com/tangents

http://vimeo.com/neilvn/videos

▶ **Flickr 小组：**

闪卓博识（Strobist）：http://www.flickr.com/groups/strobist

单闪光灯打光（One Strobe Pony）：http://www.flickr.com/groups/one_strobe_pony

你怎么打光（How Do You Light）：http://www.flickr.com/groups/howdoyoustrobist

达斯汀·迪亚兹（Dustin Diaz）：http://www.flickr.com/photos/polvero/sets

▶ **蒂洛·戈克尔（Tilo Gockel）**

博客及学习材料（面向德语读者）：www.fotopraxis.net

▶ **亚历克斯·克洛斯科夫（Alex Kolowskov）：** 博客、学习材料和产品测试：www.photigy.com

▶ **瑞恩·布雷尼策（Ryan Brenizer）：** 博客、学习材料和产品测试：www.ryanbrenizer.com

图 书

▶《布光 拍摄 修饰》（*Light It, Shoot It, Retouch It*），作者：斯科特·凯尔比（Scott Kelby）（New Riders 2012）

▶《热靴日记》（*The Hot Shoe Diaries*），作者：乔·麦克纳利（Joe McNally）（New Riders 2009）

▶《单灯实战指南》（*OneLight Field Guide*），作者：扎克·阿里亚斯（Zack Arias）（Mag Cloud; 2010; www.magcloud.com/browse/Issue/131277）

▶《用光去捕捉》（*Captured by the Light*），作者：大卫·齐泽（David Ziser）（Peachpit Press 2010）

▶《数码婚纱和肖像摄影机顶闪光灯技巧》（*On-Camera Flash Techniques for Digital Wedding and Portrait Photography*），作者：尼尔·凡·尼克尔克（Neil van Niekerk）（Amherst Media 2009）

▶《离机闪光灯：数码摄影师必备技能》（*Off-Camera Flash: Techniques for Digital Photographers*），作者：尼尔·凡·尼克尔克（Neil van Niekerk）（Amherst Media 2011）

▶《Photoshop 专业人像修饰技巧》（*Professional Portrait Retouching Techniques for Photographers Using Photoshop*），作者：斯科特·凯尔比（Scott Kelby）（New Riders 2011）

▶《尼康创意闪光系统（第二版）》（*The Nikon Creative Lighting System, 2nd Edition*），作者：迈克·哈根（Mike Hagen）（Rocky Nook 2012）

▶《驾驭佳能 EOS 闪光灯摄影》（*Mastering Canon EOS Flash Photography*），作者：盖伊（NK Guy）（Rocky Nook 2010）

DVD

▶ **大卫·霍比（David Hobby）**

《图层中的灯光》（*Lighting in Layers*）（http://strobist.blogspot.de/2011/01/introducing-strobist-lighting-in-layers.html）

▶ **扎克·阿里亚斯（Zack Arias）**

《单灯演义》（*OneLight Workshop*）（http://zackarias.com/workshop/onelight-dvd）

附录 D
术语表

A

AF: 自动对焦

APS: Advanced Photo System 的缩写，含义是先进摄影系统，一种胶片和传感器格式。尼康使用相类似的 DX 格式。参见 DX、APS-C。

APS-C: Advanced Photo System Classic 的缩写，含义是先进摄影系统经典型，一种胶片和传感器格式，尺寸为 22.5 ×15.0 mm，用于中档佳能数码单反相机。参见 APS、DSLR。

AWB: 参见自动白平衡。

暗场布光（dark field lighting）： 一种布光方式，光线以非常小的角度对拍摄对象形成擦光，以此强调压花、划痕、蚀刻图案等。

B

BFT: 参见黑泡沫软片（black foamie thing）。

八角形柔光箱（octabox）： 八边形的柔光箱。

斑马纹（zebras）： 曝光过度警告的俗称。参见曝光过度警告。

半画幅传感器（crop sensor）： 一种传感器格式，尺寸大约只有全画幅传感器的一半。常见的有 APS-C（佳能）或 DX 格式（尼康）。参见 APS-C、DX。

背景虚化（也称为：焦外成像，bokeh）： 一个日语单词以英文方式的拼写，意思是：效果模糊或不清晰。该术语用来描述摄影图像中诸如灯光等焦外点周围出现的模糊效果（及其美学品质）。

边缘光（kicker）： 一种人物肖像辅助灯光，用于突出强调颊骨，或者作为一般的效果或强调光，例如轮廓光或头发光等。参见轮廓光、头发光。

C

CLS: Creative Lighting System 的缩写，意为创意闪光系统。尼康 TTL 闪光灯系统的品牌名。

CTB: Color temperature blue 的缩写，意为蓝色色温。

CTO: Color temperature orange 的缩写，意为橙色色温。

CTS: Color temperature straw 的缩写，意为淡黄色色温。

CWB: 参见自定义白平衡。

测光和二次构图（meter and recompose）： 一种摄影技术，涉及在对拍摄对象重新取景并拍摄之前，将曝光测光表对场景的读数先保存在相机内存中。经常使用点测光。

测试按钮（pilot button）： 大多数系统闪光灯中内置的按键，闪光灯充满电后亮起。按下该按钮可以当前设置手动引闪测试闪光灯。

超级同步（SuperSync）： 参见伪高速同步。

从属设备（slave）： 遥控接收器或遥控引闪的闪光灯。

D

DSLR: 全称是 Digital single-lens reflex（SLR）camera，意为数码单镜头反光相机。参见 SLR。

DX: 尼康公司对其 24×16mm 传感器格式的专用名称（在尺寸上与佳能公司的 APS-C 格式相同）。

带状光（strip light）： 细长型柔光箱。

弹出式闪光灯（popup flash）：许多数码相机中内置的小功率闪光灯，需要时可以弹起。

挡光板（barn doors）：大型金属光效附件，通常带有四片可调节叶片，改变闪光灯光的水平或垂直调节。

挡位（click）：相机设置的一挡增量（通常为 1/3 EV），可以使用相机拨盘或按键进行调整。挡位可以适用于曝光时间、光圈、ISO 值、闪光灯输出等等。参见曝光值。

灯伞（umbrella）：像常规雨伞一样的光效工具，通常为半透明（用作柔光工具）或具有反光性（用作反光工具）。

低调（low key）：参见影调。

对焦和二次构图（focus and recompose）：一种对焦技术，涉及锁定对焦点，然后重新取景进行拍摄。

对焦座（focusing rail）：可调节式相机座，用于进行景深合成。能够让使用者将相机整体前后移动，以改变对焦点，而不会改变图像比例。

E

EC：参见 曝 光 补 偿（exposure compensation）。

E-TTL：参见 TTL。

EV：Exposure value 的缩写，意 为 曝光值。

EXIF：一种文件格式，全称为 Exchangeable image file，即可交换图像文件。在数字图像文件中保存附加信息（日期、相机型号、光圈、版权等等）的数据格式。

F

FEC：参见闪光灯曝光补偿（flash exposure compensation）。

FE 锁定（FE Lock）：闪光灯曝光锁定。佳能公司专用术语，使用此功能后，闪光点测光表的读数保存到相机内存中，摄影师可以重新构图进行拍摄，同时保持相同的闪光灯曝光参数。

FV 锁定（FV Lock）：闪光灯曝光锁定。尼康公司专门术语，相当于佳能公司的闪光曝光锁定。参见 FE 锁定。

FX：尼康公司对其全画幅（24×36mm）图像传感器的专用名词。

反接环（reversing ring）：参见反向转接环。

反接座（reverse mount）：参见反向转接环。

反射闪光（bounce flash）：反射弹离一个表面的闪光，用来改善光线的漫射性和角度。也称为间接闪光。

反向转接环（retro adapter）：也称之为反接环。一种可以将镜头以反转位置安装到相机上，以便于实现极端放大能力的附件。分为无源和有源型号，有源转接环（例如：路华仕 EOS-RETRO）可与相机之间传输光圈数据。

防红眼（red eye reduction）：一种利用短时预闪使拍摄对象瞳孔放大从而防止在图像中出现红眼的技术。

蜂巢（grid）：英 文 也 称 之 为 honeycomb grid。一种灯光光效附件，用于将来自闪光灯或灯泡的光线集中起来。

G

GN：参见闪光灯指数（guide number）。

高光闪烁（blinkies）：数码相机显示屏上闪烁的曝光过度警告指示。

高速同步（high-speed sync，缩写为 HSS）：闪光灯模式，适用于系统闪光灯，摄影师使用闪光灯时，曝光时间可以短于相机指定的闪光灯同步速度。高速同步闪光，包括一系列脉冲极短的闪光，但给人造成是连续光的印象。主要的缺点是大幅度降低了最大闪光灯输出。

高调（high key）：参见影调。

固定销（spigot）：黄铜制标准转接螺栓，适用于各种灯架和转接器。

光圈（Aperture）：相机镜头的开孔，光线通过此孔进入相机。

光圈优先（Aperture priority）：一种自动曝光模式，选用该模式后，摄影师设定光圈，相机自动选择相应的曝光时间。佳能相机上称为 Av 模式，尼康相机上是 A 模式。

光学从属设备（optical slave）：光学伺服闪光灯触发器。参见伺服闪光灯触发器。

光学元件（optical cell）：光学伺服闪光灯触发器或可遥控型闪光装置中的感应

器元件。参见伺服闪光灯触发器。

光晕(flare)：镜头光晕，大多是由于光圈叶片逆光造成的不必要的伪影。

蛤壳式布光(clamshell lighting)：人物肖像布光技术，使用两个柔光箱，从上下两个位置呈夹角放置，位置靠近拍摄对象的脸部对其打光。

H

黑泡沫软片(black foamie thing)：一种小型挡光片或遮光板，安装在闪光灯上，防止灯光直接照亮拍摄对象。这是由尼尔·凡·尼克尔克发明的。

后帘同步(second-curtain sync)：快门定时的一个时间点，在此时间点时快门的后帘才打开，但仍为待引闪的闪光灯留有时间。这种闪光灯技术对于移动的对象会产生更加可信的效果。

环境光(ambient light)：照亮场景的可用光。

环形布光(loop lighting)：类似于伦勃朗(Rembrandt)布光，但以更浅的角度（大约30°）布光，从而产生更柔和的阴影。参见伦勃朗布光。

灰度滤镜(GrayFilter)：参见中灰密度滤镜。

I

IR: 红外。

i-TTL: 参见 TTL。

J

基本光(key light)：决定图像影调的灯光。主灯（main light）的同义词，参见影调。

交叉灯光（cross light）：一种布光造型，两盏灯交叉对着拍摄对象，例如一盏从右前方，另一盏从左后方。第二盏灯（副灯）通常作为轮廓光或边缘光。参见轮廓光、边缘光。

焦耳 [joule（J）]: 参见瓦秒。

焦平面同步(Focal Plane Sync)：佳能公司用于高速同步的专有名词。参见高速同步。

景深合成(focus stacking)：一项微距摄影技术，将多张采用不同对焦点设置拍摄的图像合并起来，形成单张景深得到提升的图像。专门的景深合成程序包括 Helicon Focus 和 CombineZM。景深合成也可以使用 Photoshop 工具来完成。

聚光灯(spotlight)：集中的圆形主光或强调光。

K

可变 ND 滤镜(variable ND filter)：无级可变中灰密度滤镜，由两片可旋转的偏振滤镜组成。参见中灰密度滤镜。

L

LED: Light emitting diode 的 缩 写，发光二极管。

雷达罩(beauty dish)：一种光效工具，包括一个带有内置反光罩的抛物面灯罩，内置反光罩的作用是阻止光线直接传输。用于产生柔和、对比度高的灯光效果，具有较强的核心阴影和柔和的主阴影。

冷靴（cold shoe）：没有电触点的系统闪光灯底座（与热靴不同）。也参见系统闪光灯、热靴。

联机拍摄(tethered shooting)：一种将数码相机以无线方式或通过电缆连接到计算机的技术，可以实现远程实时查看图像，以及调整拍摄参数后的效果。

临界光圈（critical aperture）：在光学像差和衍射模糊之间提供最佳折中的光圈。这是一个绝对值，在该值时，某一单个平面均清晰对焦。通常是低于最大光圈 2 或 3 挡的光圈。在 SLRgear 网站上（www.slrgear.com）可在线查阅一系列常用镜头的临界光圈值。

伦勃朗布光（Rembrandt lighting）：经典的肖像灯光布光，通常以 45° 的位置（水平和垂直）朝向拍摄对象。这种布光会形成比较突出的鼻部阴影，并在拍摄对象眼部下方形成三角形高亮区域。

轮廓光（rim light）：一种人物肖像拍摄时使用的灯光效果，为了突出强调拍摄对象的轮廓线，将拍摄对象从背景中区分出来。

裸管闪光灯(bare-bulb flash)：装有完全未被遮盖的闪光灯管的闪光灯 [详细资料：在互联网上搜索"裸管闪光灯改造"（bare bulb flash hack）]。

裸闪光灯(bare flash)：没有任何其他光效附件的闪光灯。

滤光片（gel）：彩色滤光片，原来是由明胶制成（因此英文名称为 gel），现在一般由塑料制成。经常使用的是 CTO、CTB和 CTS 颜色。使用示例：全 CTO 色片是全强度的橙色滤光片；1/2 CTB 是半强度的蓝色滤光片。参见 CTO、CTB、CTS。

M
美国之夜（American night）： 电影中采用的一种布光技术，通过曝光不足使得白天看起来像夜晚一样。该名称源于弗朗索瓦·特吕弗（François Truffaut）的同名电影《美国之夜》（La nuit amér-icaine），电影首次让这种特效普遍流行［这种技术也称为日以作夜（day for night）］。

N
ND 滤镜（ND filter）： 参见中灰密度滤镜。

P
PAR 反光伞（PAR reflector）： 抛物面反光伞。参见抛物面反光伞。

PC 插座（PC socket）： 符合 ISO 519 标准定义的 PC 同步接口闪光灯连接插座。

Porty： 品牌名，是指德国 Hensel 公司制造的电池供电型便携式摄影工作室闪光灯设备。也经常作为通用代名词，用来指其他制造商的类似设备。

Porty 风格（Porty look）： 一种与使用 Porty 系统在外景地拍摄照片有关的特定风格，通常包括较暗、曝光不足的天空。这种效果只能在环境光较弱的情况下使用系统闪光灯创造出来，因为系统闪光灯的输出相对较低。参见 Porty。

抛物面反光伞（parabolic reflector）： 带有抛物线截面的光效工具。

泡沫板支架叉（foam core fork）： 附件，用于固定泡沫板。可安装在标准灯架或三脚架上。

频闪模式（strobe mode）： 英文也称为 stroboscopic mode，同义。一种闪光灯模式，发射出一系列连续的极短的闪光，类似于许多迪斯科舞厅中的连续闪光效果。

平方反比定律（inverse square law）： 从一个点发出的光线的强度与该光源到所照亮对象之间的距离的平方成比例地减小。到拍摄对象的距离减少 1/2，将其照亮的光的强度应变为原来的 4 倍。

普威（PocketWizard）： 无线电闪光灯触发器的品牌名。有些型号兼容 TTL 和高速同步。参见 TTL、高速同步。

曝光补偿（exposure compensa-tion）： 用户定义的值，用以自动微调选定的曝光参数。

曝光过度警告（overexposure war-ning）： 相机显示屏上对可能曝光过度的图像区域显示出的闪烁警告。

曝光值（exposure value）： 曝光值（EV）是用来描述进行摄影曝光所需要的光量的单位。一个 EV 由曝光参数的组合进行定义，所有的参数组合均产生相同的整体曝光结果（参见"附录 A"）。

R
RF： Radio frequency 的缩写，射频。

RF 触发器（RF trigger）： 用于遥控引闪闪光灯的无线电控制模块。发射器安装在相机上，接收器安装在闪光灯上。

热靴（hot shoe）： 系统闪光灯机械安装底座，带有电触点。非 TTL 型热靴有两个触点（用于引闪闪光灯），而 TTL 型热靴有五个以上的触点，用于在相机和闪光灯之间传输数据。参见系统闪光灯、冷靴。

柔光伞（brolly）： 参见灯伞。

柔光伞灯箱（brolly box）： 银涂层反光板／柔光伞组合，功能类似于圆柔光箱。

S
SLR： Single-lens reflex camera 的缩写，单镜头反光照相机。

Speedlight： 尼康公司注册商标，用于该公司的系统闪光灯命名。参见系统闪光灯。

Speedlite： 佳能公司注册商标，用于公司的系统闪光灯命名。参见系统闪光灯。

Sunbouncer： 品牌名称，是指加利福尼亚 Sunbounce 公司制造的一种大型方形反光板。

沙姆定律（Scheimpflug principle）： 一个描述镜头平面不平行于图片平面时光学系统中焦平面方向性的几何规则。应用该定律可以制造能够倾斜的镜头，这类镜头用来有意改变图像中焦平面的位置。

闪光灯曝光补偿（flash exposure compensation）： 用户定义的参数值，自动改变选定的闪光灯曝光参数。

闪光灯支架（flash bracket）： 通用名称，是指任何一种用于安装、旋转、定位或其他方式对单只或多只闪光灯进行定位的灯架。

闪光灯指数（guide number）：闪光灯在给定感光度和光圈设置时能够照亮拍摄对象的最大距离。这个范围等于闪光灯到拍摄对象的距离与拍摄对象在该距离处正确曝光所需要的光圈值的乘积。

闪光枪（flash gun）：参见系统闪光灯。

闪卓博识（strobist）：大卫·霍比创造和注册的专用名词，同时也是大卫·霍比的专栏博客名称。指离机系统闪光灯的使用者时，则称为外闪客。

摄影专用胶带（gaffer tape）：通用用途的黑色或灰色高黏性布基胶带。源于剧院和演出活动行业。

实时取景（live view）：一种相机模式，可在相机显示屏上显示出连续的场景实时图像。

束光筒（snoot）：筒状塑光工具，将闪光灯发出的光线集中起来。

双向灯光（bidirectional lighting）：人物肖像灯光技巧，也称之为"双边缘光"（double-kicker）或"夹钳光"（pincer light）。其布光包括在拍摄对象两侧对称放置的两组灯光，在人像拍摄中用来突出强调颧骨和太阳穴部位。

伺服，光学（servo，optical）：参见伺服闪光灯触发器。

伺服闪光灯触发器（servo flash trigger）：一种接收系统和摄影工作室闪光灯设备发送的光学引闪信号的小型辅助模块，通常内置在闪光灯内，也可单独购买。

T

Translum 薄膜（Translum）：柔软、半透明的柔光用材料，以单张和成卷形式出售。

TTL：Through-the-lens 的缩写，通过镜头的意思。一般是指镜后测光。TTL 闪光灯测光使用预闪来测量到拍摄对象的距离和亮度，并使用返回的信号（通过镜头接收）来计算最佳闪光灯曝光参数。佳能称为 E-TTL，尼康叫作 i-TTL。

天光镜（skylight filter）：一种较薄、略呈红色的滤镜，经常在风光摄影中使用，用来保护镜头的前组镜片。

同步插座（sync socket）：参见 PC 插座。

同步速度（sync speed）：相机焦平面快门完全打开并且可以用来捕捉闪光灯光的最短的曝光时间。曝光时间更短时，快门前帘和后帘前后连续穿过整个画面，只有一条光线扫过传感器进行曝光，而无法通过标准技术实现闪光灯曝光。

头发光（hair light）：一种来自上方和后面的人像肖像布光，用于为拍摄对象的头发增加光泽。

图案片（gobo）：源于中间插板投影或者是图形光学遮光投影，取决于具体的光源类型。由金属或刻花玻璃制成，用于通过图案片投影设备将图案投射到表面上（类似于幻灯机，但功能更强大）。用于创造出摄影工作室的背景或用于广告摄影。

拖动快门（dragging the shutter）：一种闪光灯技术，人为增加曝光时间，在图像中将更多环境光包含进来。

U

UV 滤镜（UV filter）：UV 是 Ultraviolet 的缩写，是指紫外线滤镜。

W

瓦秒（Watt-second，缩写为 Ws）：能量的国际单位，同焦耳。

外景地：在城市或乡村进行摄影的环境（即摄影工作室外）。

微距装备（macro rig）：协助进行微距摄影的配件的通用术语，包括以下任一或全部组成部分：相机、延长管、闪光灯支架、一只或多只闪光灯以及对焦座。参见闪光灯支架。

伪高速同步（pseudo-HSS）：也称为超级同步（SuperSync）、超同步（hypersync）、超限同步（overdrive sync，简称 ODS）或提前同步（early sync），是一种利用整个闪光持续时间来规避慢速 X 同步速度限制的技术（参见第 4 讲）。参见 X 同步。

五合一或七合一反光板（5-in-1 or 7-in-1 reflector）：可折叠反光板，通常为圆形，双面可用，带有可更换的反光面（银色、金色、白色、黑色、斑马条纹等）。

X

X 同步（X-sync）：使用氙气闪光灯时规定的曝光时间。参见同步速度。

系统闪光灯（system flash）：一种电池供电的附属闪光灯，安装在相机的热靴上。比摄影工作室闪光灯更小、更轻、更快，但功率不如后者强大。通常包括内置的传感器和称之为 TTL 的智能技术。参见热靴、TTL。

显宽光（broad lighting）：人物肖像布光技术，仅照亮拍摄对象朝着相机的面部一侧。参见显瘦光（short lighting）。

显瘦光（short lighting）：一种人像布光技术，灯光照亮背对相机的拍摄对象面部一侧。参见显宽光。

Y

颜色冲突（color clash）：颜色看起来撞色，不协调。

眼神光（catch light）：在拍摄对象眼中形成反射高光的光源。

遥控（remote）：参见从属设备。

移轴镜头（tilt/shift lens）：一种可以调节光轴用来使焦平面发生位移的镜头。参见沙姆定律。

意境照片（mood shot）：通过唤起情感而不是提供资讯的方式来传达信息的照片。

影调（key）：图像中光的基调。低调图像中的色调来自色调范围的暗端，而高调图像中大多数色调来自亮端。

影调偏移（key shifting）：用于人为改变图像影调的技巧。参见影调。

预闪关闭（preflash off）：伺服闪光灯触发器上抑制 TTL 预闪的设置。参见伺服闪光灯触发器、TTL。

Z

造型灯（modeling light）：内置在摄影工作室闪光灯中的辅助连续灯光。用于模拟闪光灯的效果，帮助摄影师判断灯光布光将会产生的效果［或在闪光曝光

的情况时；闪光曝光锁（佳能）或 FV 锁定（尼康）］。

造型闪光灯（modeling flash）：参见造型灯（在这种情况下，闪光灯连续快速地发出脉冲闪光来模拟连续光）。

遮光板（flag）：灯光光效附件，用于防止光线直接照射拍摄对象。

支架（bracket）：参见闪光灯支架（flash bracket）。

中灰密度滤镜（neutral density filter）：用于延长最大可能曝光时间的滤镜，例如，在白天拍摄模糊的水的流动，或者以大光圈进行闪光灯曝光。

主闪光灯（master flash）：将引闪信号或闪光灯曝光参数发射到从属闪光灯的闪光装置。参见从属设备。

自定义白平衡（custom white balance）：手动定义的白平衡值。

自动 FP（Auto FP）模式: Automatic Focal Plane Sync Mode 的缩写，含义是自动焦平面同步模式，这是尼康公司对高速同步的命名。参见高速同步。

自动白平衡（automatic white balance）：由相机自动选择白平衡设置。

组光（gang light）：比较新的术语，用于频闪场景，是指使用多只闪光灯组合形成单一的强力光源。经常与高速同步（HSS）模式组合，因此从技术层面来看，比常规摄影工作室闪光灯更加完善。参见高速同步。

最佳光圈（optimum aperture）：在景深和衍射模糊之间提供最佳折中的光圈。